普通高等教育机械类"十二五"规划系列教材

机械类专业基础课实验教材

王继伟　主　编

吕宝君　刘玉高　刘玉慧　副主编

李爱芝　高洪伟　李培珍　于文娟

尹玉亮　于静波　周建强　邹　健　参　编

U0282840

电子工业出版社
Publishing House of Electronics Industry
北京 · BEIJING

内 容 简 介

本书分几何量公差与检测实验、机械原理实验、机械设计实验、机械工程材料实验和材料成型技术实验 5 章，共 41 个实验项目，每个实验由实验目的、实验量仪说明、实验原理、实验步骤、实验数据与处理、实验结论和思考题等内容组成。

本书供普通本科高等院校、高职高专等机械类专业及部分非机械类专业师生在专业基础课实验教学中使用，也可作为继续教育学院机械类各专业和从事不同层次教学人员及相关工程技术人员的参考用书。

图书在版编目（CIP）数据

机械类专业基础课实验教材/王继伟主编. —北京：电子工业出版社，2015.8

ISBN 978-7-121-26484-9

Ⅰ. ①机⋯　Ⅱ. ①王⋯　Ⅲ. ①机械工程－高等学校－教材　Ⅳ. ①TH

中国版本图书馆 CIP 数据核字（2015）第 143992 号

策划编辑：赵玉山

责任编辑：桑　昀

印　　刷：北京盛通商印快线网络科技有限公司

装　　订：北京盛通商印快线网络科技有限公司

出版发行：电子工业出版社

　　　　　北京市海淀区万寿路 173 信箱　邮编　100036

开　　本：787×1 092　1/16　印张：14.5　字数：399.5 千字

版　　次：2015 年 8 月第 1 版

印　　次：2021 年 7 月第 4 次印刷

定　　价：33.00 元

凡所购买电子工业出版社图书有缺损问题，请向购买书店调换。若书店售缺，请与本社发行部联系，联系及邮购电话：（010）88254888，88258888。

质量投诉请发邮件至 zlts@phei.com.cn，盗版侵权举报请发邮件至 dbqq@phei.com.cn。

本书咨询联系方式：（010）88254556，zhaoys@phei.com.cn。

前　　言

实验教学是高校理工科教育教学的重要组成部分，它是学生获取知识和经验的重要途径，同时又能培养学生严谨的工作作风、科学的研究态度、实践技能和创新思维。机械类专业基础课实验，是普通高校机械类专业本科生必修的实践教学内容之一。

本书是针对机械类专业 5 门主要基础课程（几何量公差与检测、机械原理、机械设计、机械工程材料、材料成型技术）编写的实验教材，注重学生掌握实验的基本原理、基本方法与技能，以培养应用型人才为目标，以提高实验教学质量为宗旨。

本书是青岛农业大学机械工程学科多年实验教学的总结与集体智慧的结晶，是在原有实验指导书的基础上，根据实验教学大纲要求，结合多年使用的实验讲稿，突出必修实验项目，增加选修和将来准备开设内容，广泛汲取国内各高校优秀实验教学经验的基础上编写而成的。

本书内容层次分明，条理清楚；文字规范，语言流畅，言简意赅；图表准确，配合恰当；实验项目较齐全，采用了当前最新国际标准，对原有自编实验教材内容进行了精选、修改、调整和补充，既有一定量的基础性实验内容，又适当增加综合性和创新性实验，能全面准确地阐述本学科先进理论知识，充分吸收本学科国内外前沿研究成果；紧密结合产业（行业）需求，反映区域特色与学校特点；注重理论教学、案例教学和实践教学的有机结合，有利于学生学习能力、实践能力和创新能力的培养。不同的学校、不同的专业、不同层次和不同要求的实验教学，可根据具体情况全做或选做。

本书由青岛农业大学王继伟高级实验师担任主编，青岛农业大学吕宝君副教授、刘玉高副教授和临沂大学刘玉慧副教授担任副主编，参加本书编写的还有高洪伟、李爱芝、李培珍、尹玉亮、于文娟、于静波以及参与合写的周建强、邹健等老师。王继伟老师负责编写本书的 1.1节、1.7 节、2.1 节、2.2 节、2.3 节、3.1 节、3.6 节、4.6 节和 4.10 节，吕宝君老师负责编写本书的 1.11 节、1.13 节、1.14 节、1.15 节、1.16 节、5.1 节、5.2 节、5.3 节和 5.4 节，刘玉高老师负责编写本书的 4.3 节、4.4 节、4.5 节、4.7 节、4.8 节和 4.9 节，刘玉慧老师负责编写本书的1.3 节和 1.10 节，高洪伟老师负责编写本书的 3.2 节和 3.4 节，李爱芝老师负责编写本书的 1.6节和 1.8 节，李培珍老师负责编写本书的 3.3 节，尹玉亮老师负责编写本书的 4.1 节和 4.2 节，王继伟老师和刘玉慧老师共同编写了本书的 1.2 节和 1.5 节，王继伟老师和李爱芝老师共同编写了本书的 1.4 节，刘玉慧师和于文娟老师共同编写了本书的 1.9 节，吕宝君老师和于文娟老师共同编写了本书的 1.12 节，王继伟老师和于静波老师共同编写了本书的 2.4 节，高洪伟老师和李培珍老师共同编写了本书的 3.5 节和 3.7 节。

本书在编写过程中，得到青岛农业大学、临沂大学、烟台工程职业技术学院等单位的大力支持，并得到了山东省应用型人才特色名校工程教材建设项目的资助，在此表示感谢。

由于编者水平有限，书中疏漏和不当之处恳请读者批评指正。

编者

目　　录

实 验 守 则

一、实验前须认真阅读实验教材，明确实验目的、要求，了解所做实验的原理、所用仪器和注意事项，掌握实验的内容、方法和步骤，写出预习报告，接受指导教师的提问和检查。

二、学生必须按实验课表预约时间到实验室上课，不得迟到早退，迟到超过 10 分钟，取消本次实验资格，无故不参加实验者做旷课处理，因故不能参加实验者，应向指导教师请假，所缺实验应及时补齐。凡缺做实验者，不得参加所属理论课程的考试。

三、进入实验室要遵守实验室各项规章制度，保持安静，不吃食物，不准吸烟和随地吐痰，不乱丢纸屑及杂物。

四、进实验室后按规定分组进行实验，准备就绪后，必须经指导教师同意，方可进行正式实验，实验过程中如对设备有疑问，应及时向指导教师提出，不得自行拆卸维修。

五、实验时要注意安全，严格遵守实验室安全制度。实验中如出现事故（包括人身、设备、水电等）应立即向指导教师报告，并停机检查原因，保护现场。

六、实验中要遵守所使用设备的操作规程，要严肃认真，记录实验数据，实验结果（数据）必须交指导教师审阅、通过，并按规定时间和要求，认真分析、整理和处理实验结果，编写实验报告。不擅自动用与本实验无关的仪器设备，要注意节约用水、用电和易耗品，爱护器材。

七、进行综合性、设计性实验的学生，在进入实验室前必须做好有关实验的准备工作，阅读与实验相关的文献资料，熟悉仪器性能，在老师指导下设计实验方案，经确认后方可进入实验室。

八、实验室上机，必须严格遵守国家有关法律、法规和条例，严禁玩游戏以及观看反动、黄色内容的软件与电子出版物。

九、实验完毕必须整理好本组实验仪器，切断水、电源，搞好清洁卫生，保持室内整洁，并经指导教师或实验技术人员验收后，方可离开。

十、凡损坏仪器、工具者应检查原因，填写报损单，若因个人主观原因的应依照有关条例赔偿损失。对不遵守本守则的学生，指导教师和实验技术人员视情况给予批评教育，直至责令其停止实验。

十一、实验后，认真分析实验结果，正确处理数据，细心制作图表，做好实验报告；并按时送交实验报告，不符合要求者应重做。

十二、实验不合格者必须重做，但须向实验室预约，并安排在课外或自习时间进行，实验报告不合格者必须重写。

第1章

几何量公差与检测实验

1.1 常用量具使用

一、实验目的

（1）了解机械类专业常用量具的结构与用途。

（2）掌握常用量具正确的读数和使用方法。

（3）掌握量具的保养方法。

二、量具使用注意事项

（1）使用前，应对量具做外观、校对零值和相互作用检查，不应有影响使用准确度的外观缺陷。活动部分应转动平稳，锁紧装置应灵活可靠。

（2）测量前，应擦净量具的测量面和被测量面，防止铁屑、毛刺、油污等带来的测量误差。

（3）有测力装置的量具，使用时一定要用测力装置。对于没有测力装置的量具，要更加注意测力大小对测量结果的影响。测量时，量具的测量面与被测表面手感接触即可，切勿测力过大。

（4）减小温度变化引起的测量误差。对于长 100mm 的一般钢件，温度每升高或下降 1℃，其尺寸将增长或缩短 1μm，有色金属的变化量将是它们的 2～3 倍。

（5）减小读数误差。读数时要正视量具的读数装置，不要造成斜视误差。测量同一个点有 2～3 个接近的数值时，应取算术平均值作为测量结果。

（6）量具不能在工件转动或移动时测量（百分表、千分表等除外），否则容易使量具磨损，甚至发生事故。

（7）量具属精密仪器，在使用过程中，应小心操作，避免撞击、摔打等情况发生。

（8）量具要经常维护保养，应防锈、防磁，使用后要擦拭干净放在盒内。

三、实验内容

1.1.1 金属直尺

（一）钢直尺

1. 规格

钢直尺是最简单的长度量具，一般用矩形不锈钢片制成，两边有刻度，它的长度有 150mm、300mm、500mm、600mm、1000mm、1500mm 和 1000mm 七种规格。如图 1-1 所示是常用的 150mm 钢直尺。

图 1-1　钢直尺

2. 用途及读数

由于钢直尺的刻线间距为 1mm，刻线本身的宽度就有 0.1～0.2mm，因此，允许误差为 ±0.15～±0.3mm，钢直尺只能用于测量准确度要求不高的工件。可用于划线，量内、外径长度，测量宽度、高度、深度等，如图 1-2 所示为用钢直尺测量零件的长度尺寸，它的测量结果不太准确。这是由于钢直尺的测量读数误差比较大，只能读出毫米数，即它的最小读数值为 1mm，比 1mm 小的数值只能估读。

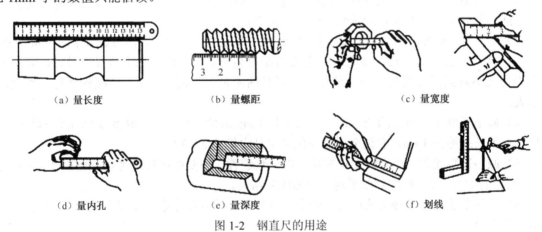

（a）量长度　　　　　　（b）量螺距　　　　　　　　（c）量宽度

（d）量内孔　　　　　　（e）量深度　　　　　　　　（f）划线

图 1-2　钢直尺的用途

（二）直角尺

直角尺分为整体和组合两种，如图 1-3 所示。整体直角尺是用整块金属制成的。组合直角尺是由尺座和尺苗两部分组成的，直角尺的两边长短不同，长而薄的一边叫尺苗；短而厚的一边叫尺座。有的直角尺在尺苗上带有尺寸刻度。直角尺用来检查或测量工件内、外直角，以及平面度，也是划线、装配时常用的量具。直角尺的使用方法，是将尺座一面紧靠工件基准面，尺苗向工件的另一面靠拢，观察尺苗与工件贴合处，用透过光线是否均匀来判断工件两邻面是否垂直。

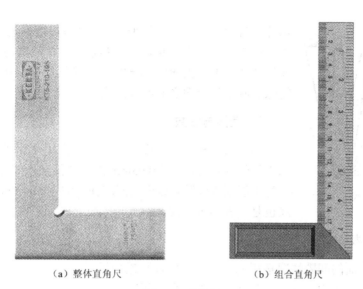

（a）整体直角尺　　　　　　　　（b）组合直角尺

图 1-3　直角尺

1.1.2　卡钳

1. 结构与读数

常见的卡钳分内卡钳、外卡钳，如图 1-4 所示。内、外卡钳是最简单的比较量具，它们本身都不能直接读出测量结果，而是把测量的长度尺寸（直径也属于长度尺寸）在钢直尺上进行读数，或在钢直尺上先取下所需尺寸，再去检验零件的直径是否符合。

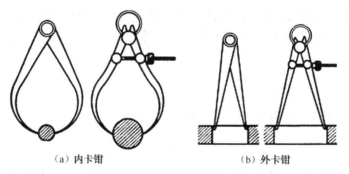

（a）内卡钳　　　　　　　　（b）外卡钳

图 1-4　内、外卡钳

2. 用途

内卡钳用来测量内径和凹槽，外卡钳用来测量外径和平面。由于卡钳具有结构简单、制造方便、价格低廉、维护和使用方便等特点，广泛应用于要求不高的零件尺寸的测量和检验，尤其是对锻铸件毛坯尺寸的测量和检验，卡钳是最合适的测量工具。

1.1.3　塞尺

1. 结构与用途

塞尺又称厚薄规或间隙片，是由许多层厚薄不一的薄钢片组成，如图 1-5 所示。塞尺中的

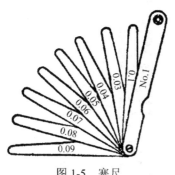

图1-5 塞尺

每片具有两个平行的测量平面,且都有厚度标记,以供组合使用。主要用来检验机床特别紧固面和紧固面、活塞与气缸、活塞环槽和活塞环、十字头滑板和导板、进/排气阀顶端和摇臂、齿轮啮合间隙等两个结合面之间的间隙大小。

2. 使用与读数

测量时,根据结合面间隙的大小,用一片或数片重叠在一起塞进间隙内。例如,用0.03mm的一片能插入间隙,而0.04mm的一片不能插入间隙,这说明间隙在0.03~0.04mm之间,所以,塞尺也是一种界限量规。

3. 使用注意事项

（1）根据结合面的间隙情况选用塞尺片数,但片数越少越好。

（2）测量时不能用力太大,以免塞尺遭受弯曲或折断。

（3）不能测量温度较高的工件。

1.1.4 游标量具

用游标读数原理制成的量具有:游标卡尺、高度游标卡尺、深度游标卡尺、齿厚游标卡尺和带表、数显游标卡尺等,用以测量零件的外径、内径、长度、宽度、厚度、高度、深度、角度以及齿轮的齿厚等,应用范围非常广泛。

（一）游标卡尺

游标卡尺是一种常用的量具,具有结构简单、使用方便、精度中等和测量的尺寸范围大等特点,可以用它来测量精度在IT11~IT16级工件的外径、内径、长度、宽度、厚度、深度和孔距等。

1. 结构形式

游标卡尺结构较多,国产游标卡尺可分下面三种形式。

1) I型

测量范围为0~150mm的游标卡尺,制成带有刀口形的上下量爪和带有深度尺的形式,如图1-6所示。

2) II型

测量范围为0~200mm和0~300mm的游标卡尺,可制成带有内外测量面的下量爪和带有刀口形的上量爪的形式,如图1-7所示。

3) III型

测量范围为0~200mm开始到0~1000mm为止的游标卡尺,其特点是全部不带上刃口测量爪,只带有内、外测量面的下量爪的形式,如图1-8所示。

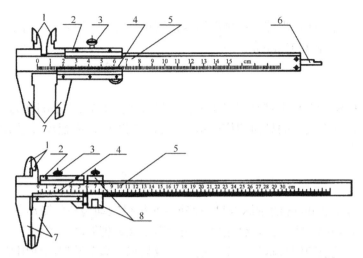

1—内量爪；2—尺框；3—紧固螺钉；4—游标；5—尺身；6—深度尺；7—外量爪；8—微动装置

图 1-6　Ⅰ型游标卡尺

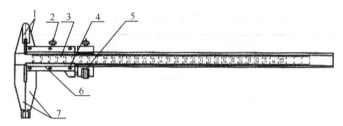

1—外量爪；2—紧固螺钉；3—尺身；4—游标；5—微动装置；6—尺框；7—内、外量爪

图 1-7　Ⅱ型游标卡尺

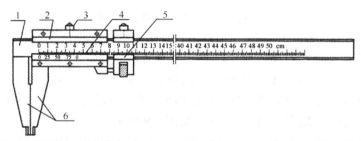

1—尺身；2—尺框；3—紧固螺钉；4—游标；5—微动装置；6—内、外量爪

图 1-8　Ⅲ型游标卡尺

2．游标卡尺的组成

1）尺身

尺身由固定量爪和主尺组成，主尺上有类似钢尺一样的刻度（图 1-6 中的图注 5、图 1-7 中的图注 3 和图 1-8 中的图注 1），主尺上的刻线间距为 1mm，其长度取决于游标卡尺的测量范围。

2）尺框

尺框由活动量爪和游标组成（图 1-6 中的图注 2、图 1-7 中的图注 6 和 1-8 中的图注 2），游标卡尺的游标读数值，就是指使用这种游标卡尺测量零件尺寸时，卡尺上能够读出的最小数值。可制成为 0.1、0.05 和 0.02mm 的三种。

3）深度尺

在 0～125mm 的游标卡尺上带有测量深度的深度尺（图 1-6 中的图注 6）。深度尺固定在尺框的背面，能随着尺框在尺身的导向凹槽中移动。测量深度时，应把尺身尾部的端面靠紧在零件的测量基准平面上。

4）微动装置

测量范围大于等于 200mm 的游标卡尺，带有随尺框做微动调整的微动装置（图 1-6 中的图注 8、图 1-7 和图 1-8 中的图注 5）。使用时，先用固定螺钉把微动装置固定在尺身上，再转动微动螺母，活动量爪就能随同尺框进行微量的前进或后退。微动装置的作用是使游标卡尺在测量时用力均匀，便于调整测量压力，减少测量误差。

目前，国产游标卡尺的测量范围及其游标读数值见表 1-1。

表 1-1   游标卡尺的测量范围及其游标读数值/mm

测 量 范 围	游标读数值	测 量 范 围	游标读数值
0～125	0.02，0.05，0.10	300～800	0.05，0.10
0～200	0.02，0.05，0.10	400～1000	0.05，0.10
0～300	0.02，0.05，0.10	600～1500	0.05，0.10
0～500	0.05，0.10	800～2000	0.10

3. 读数原理和读数方法

游标卡尺的读数机构由主尺和游标（图 1-7 中的图注 3 和 6）两部分组成。当活动量爪与固定量爪贴合时，游标上的"0"刻线（简称游标零线）对准主尺上的"0"刻线，此时量爪间的距离为"0"，见图 1-7。当尺框向右移动到某一位置时，固定量爪与活动量爪之间的距离就是零件的测量尺寸，见图 1-6。此时零件尺寸的整数部分可在游标零线左边的主尺刻线上读出来，而比 1mm 小的小数部分可借助游标读数机构来读出。现以游标读数值为 0.02mm 的游标卡尺为例说明游标卡尺的读数原理和读数方法，如图 1-9 所示。

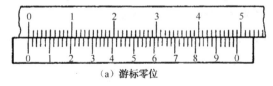
（a）游标零位

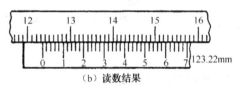
（b）读数结果

图 1-9   游标零位和读数举例

在图 1-9（a）中，主尺每小格 1mm，当两爪合并时，游标上的 50 格刚好等于主尺上的 49mm，则游标每格间距=49mm÷50=0.98mm 主尺每格间距与游标每格间距相差=1-0.98=0.02mm，0.02mm 即为此种游标卡尺的最小读数值。

在图 1-9（b）中，游标零线在 123mm 与 124mm 之间，游标上的第 11 格刻线与主尺刻线对准。所以，被测尺寸的整数部分为 123mm，小数部分为 11×0.02mm=0.22mm，被测尺寸为 123mm+0.22mm=123.22mm。

4．测量精度

测量或检验零件尺寸时，要按照零件尺寸的精度要求，选用相适应的量具。游标卡尺是一种中等精度的量具，它只适用于中等精度尺寸的测量和检验。用游标卡尺去测量锻铸件毛坯或精度要求很高的尺寸，都是不合理的。前者容易损坏量具，后者测量精度达不到要求，因为量具都有一定的示值误差。

1）示值误差

游标卡尺的示值误差就是游标卡尺本身的制造精度，无论使用得怎样正确，卡尺本身都可能产生这些误差。游标卡尺的示值误差见表 1-2。例如，用游标读数值为 0.02mm 的 0～125mm 的游标卡尺（示值误差为 ±0.02mm），测量 $\phi50$ mm 的轴时，若游标卡尺上的读数为 50.00mm，实际直径可能是 $\phi50.02$mm，也可能是 $\phi49.98$mm。这不是游标尺的使用方法上有什么问题，而是它本身制造精度所允许产生的误差。因此，若该轴的直径尺寸是 IT5 级精度的基准轴 $\phi50^{0}_{-0.025}$，则轴的制造公差为 0.025mm，而游标卡尺本身就有着 ±0.02mm 的示值误差，选用这样的量具去测量，显然是无法保证轴径的精度要求的。

表 1-2 游标卡尺的示值误差/mm

游标读数值	示值总误差
0.02	±0.02
0.05	±0.05
0.10	±0.10

2）用游标卡尺测量较精密零件的步骤

（1）选用测量精度较高的游标卡尺，如分度值为 0.02mm 的机械式游标卡尺和分度值为 0.01mm 的数显式游标卡尺。

（2）用量块校对游标卡尺，确定游标卡尺的实际示值误差。

例如，测量 $\phi50$ mm 的轴，先测量 50mm 的量块，看游标卡尺上的读数是不是正好为 50mm。如果不是正好 50mm，则比 50mm 大的或小的数值，就是游标卡尺的实际示值误差。

（3）采用适当的测量压力（松紧程度）和准确的读数方法（看准是哪一根刻线对准），可以减少人为误差，提高零件测量精度。

（4）测量零件时，实测值应为读数值加上或减去实际示值误差。

例如，测量 50mm 量块时，游标卡尺上的读数为 49.98mm，即游标卡尺的读数比实际尺寸小 0.02mm，则测量轴时，应在游标卡尺的读数上加上 0.02mm，才是轴的实际直径尺寸。若测量 50mm 量块时的读数是 50.01mm，则在测量轴时，应在读数上减去 0.01mm，才是轴的实际直径尺寸。

5．游标卡尺正确的使用方法

（1）校对零位。把卡尺擦拭干净，检查卡尺的两个测量面和测量刃口是否平直无损，把两个量爪紧密贴合时，应无明显的间隙，同时游标和主尺的零位刻线要对齐。

（2）尺框移动时，活动自如，不应过松或过紧，更不能有晃动现象，固定螺钉松紧适度。

（3）测量零件的外径尺寸时，卡尺两测量面的连线应垂直于被测量表面。否则，将使测量

结果 a 比实际尺寸 b 要大，如图 1-10 所示。测量时，先把卡尺的活动量爪张开，使量爪能自由地卡进工件，把零件贴靠在固定量爪上，然后移动尺框，用轻微的压力使活动量爪接触零件。如卡尺带有微动装置，此时可拧紧微动装置上的固定螺钉，再转动调节螺母，使量爪接触零件并读取尺寸。决不可把卡尺的两个量爪调节到接近甚至小于所测尺寸，把卡尺强制地卡到零件上去。这样做会使量爪变形，或使测量面过早磨损，使卡尺失去应有的精度。

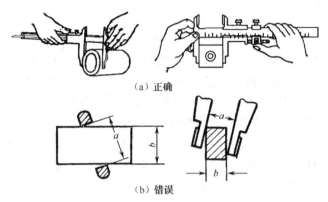

图 1-10　测量外径尺寸时正确与错误的位置

（4）测量沟槽时，用量爪的平面测量刃进行测量，尽量避免用端部测量刃和刀口形量爪去测量外尺寸。而对于圆弧形沟槽尺寸，则应当用刀口形量爪进行测量，不应当用平面形测量刃进行测量，如图 1-11 所示。

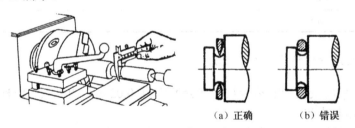

图 1-11　测量沟槽时正确与错误的位置

测量沟槽宽度时，也要放正游标卡尺的位置，应使卡尺两测量刃的连线垂直于沟槽，不能歪斜，否则量爪若在如图 1-12 所示的错误位置上，也将使测量结果不准确（可能大也可能小）。

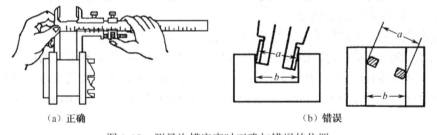

图 1-12　测量沟槽宽度时正确与错误的位置

（5）当测量零件的内尺寸时，如图 1-13 所示。要使量爪分开的距离小于所测内尺寸，进入零件内孔后，再慢慢张开并轻轻接触零件内表面，用固定螺钉固定尺框后，读出卡尺读数。取出量爪时，用力要均匀，并使卡尺沿着孔的中心线方向滑出，不可歪斜，以免量爪损伤、变形和受到不必要的磨损，同时会使尺框移动，影响测量精度。

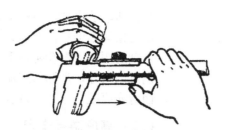

图 1-13　内孔的测量方法

卡尺两测量刃应在孔的直径上，不能偏歪。如图 1-14 所示为带有刀口形量爪和带有圆柱面形量爪的游标卡尺，在测量内孔时正确和错误的位置。当量爪在错误位置时，其测量结果将比实际孔径 D 要小。

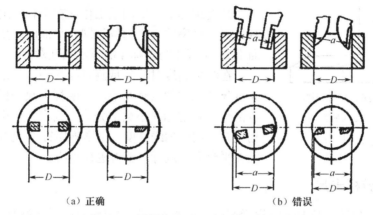

（a）正确　　　　　　（b）错误

图 1-14　测量内孔时正确与错误的位置

（6）用下量爪的外测量面测量内尺寸时，如用图 1-7 和图 1-8 所示的两种游标卡尺测量内尺寸，在读取测量结果时，一定要把量爪的厚度加上去，即游标卡尺上的读数加上量爪的厚度，才是被测零件的内尺寸，如图 1-15 所示。T 形槽的宽度 $L=A+b$。测量范围在 500mm 以下的游标卡尺，量爪厚度一般为 10mm。但当量爪磨损和修理后，量爪厚度就要小于 10mm，读数时这个修正值也要考虑进去。

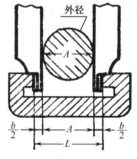

图 1-15　测量 T 形槽的
宽度

（7）用游标卡尺测量零件时，不允许过分地施加压力，所用压力应使两个量爪刚好接触零件表面。如果测量压力过大，不但会使量爪弯曲或磨损，而且量爪在压力作用下产生弹性变形，使测量得到的尺寸不准确（外尺寸小于实际尺寸，内尺寸大于实际尺寸）。

在游标卡尺上读数时，应水平拿着卡尺，朝着光亮的方向，使人的视线尽可能和卡尺的刻线表面垂直，以免由于视线的歪斜造成读数误差。

（8）为了获得正确的测量结果，可以多测量几次，即在零件的同一截面上的不同方向进行测量。对于较长零件，则应当在全长的各个部位进行测量，务必获得一个比较正确的测量结果。

为了使读者便于记忆，更好地掌握游标卡尺的使用方法，我们把上述提到的几个主要问题整理成顺口溜。

量爪贴合无间隙，主尺游标两对零，

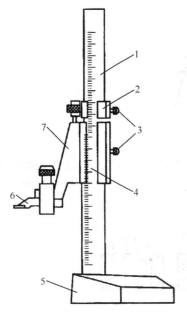

1—主尺；2—微动装置；3—紧固螺钉；

4—游标；5—底座；6—划线量爪；7—尺框

图 1-16　高度游标卡尺

尺框活动能自如，不松不紧不摇晃，
测力松紧细调整，不当卡规用力卡，
量轴防歪斜，量孔防偏歪，
测量内尺寸，爪厚勿忘加，
面对光亮处，读数垂直看。

（二）高度游标卡尺

高度游标卡尺如图 1-16 所示，用于测量零件的高度和精密划线。它的结构特点是用质量较大的底座 5 代替固定量爪，而活动的尺框 7 则通过横臂装有测量高度和划线用的量爪，量爪的测量面上镶有硬质合金以提高量爪使用寿命。高度游标卡尺的测量工作应在平台上进行。当量爪的测量面与底座的底平面位于同一平面时（如在同一平台平面上），主尺 1 与游标 4 的零线相互对准。

在测量高度时，量爪测量面的高度就是被测量零件的高度尺寸，它的具体数值，与游标卡尺一样可在主尺（整数部分）和游标（小数部分）上读出。应用高度游标卡尺划线时，调好划线高度，用紧固螺钉 3 把尺框锁紧后，也应在平台上先进行调整再进行划线。

（三）深度游标卡尺

深度游标卡尺如图 1-17 所示，用于测量零件的深度尺寸或台阶高低和槽的深度，可测量精度在 IT13～IT16 级工件的高度、深度，它的结构特点是尺框 3 的两个量爪连在一起成为一个带游标测量基座 1，基座的端面和尺身 5 的端面就是它的两个测量面。

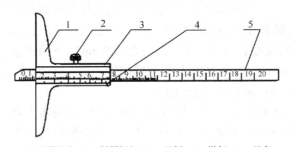

1—测量基座；2—紧固螺钉；3—尺框；4—游标；5—尺身

图 1-17　深度游标卡尺

测量内孔深度时应把基座的端面紧靠在被测孔的端面上，使尺身与被测孔的中心线平行，伸入尺身，则尺身端面至基座端面之间的距离就是被测零件的深度尺寸。深度游标卡尺的分度值和测量范围以及读数方法和游标卡尺完全一样。

（四）齿厚游标卡尺

齿厚游标卡尺如图 1-18 所示，是用来测量齿轮（或蜗杆）的弦齿厚和弦齿顶的。这种游标卡尺由两个互相垂直的主尺组成，因此它就有两个游标。A 的尺寸由垂直主尺上的游标调整，B 的尺寸由水平主尺上的游标调整。刻线原理和读法与一般游标卡尺相同。

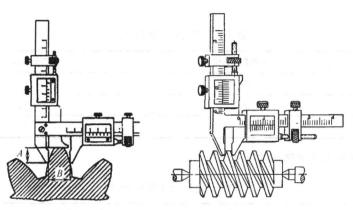

图 1-18　齿厚游标卡尺测量齿轮与蜗杆

测量蜗杆时，把齿厚游标卡尺读数调整到等于齿顶高（蜗杆齿顶高等于模数 m_s），法向卡入齿廓，测得的读数是蜗杆中径（d_2）的法向齿厚。但图纸上一般注明的是轴向齿厚，必须进行换算。

（五）带表、数显游标尺

以上所介绍的各种游标都存在一个共同的问题，就是读数不清晰，容易读错，有时不得不借助放大镜将读数部分放大。现有游标采用无视差结构，使游标刻线与主尺刻线处在同一平面上，消除了在读数时因视线倾斜造成的视差。有的卡尺装有测微表成为带表卡尺，如图 1-19 所示，便于读数准确，提高了测量精度。另有一种带有数字显示装置的游标卡尺，如图 1-20 所示，这种游标卡尺在零件表面上测量尺寸时，直接用数字显示出来，使用极为方便。

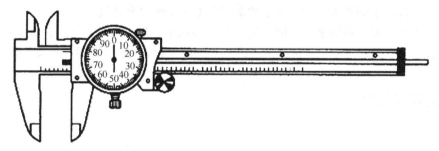

图 1-19　带表卡尺

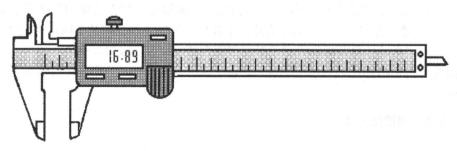

图 1-20　数字显示游标卡尺

带表卡尺的规格见表 1-3。

表 1-3　带表卡尺规格/mm

测 量 范 围	指示表读数值	指示表示值误差范围
0～150	0.01	1
0～200	0.02	1，2
0～300	0.05	5

数字显示游标卡尺的规格见表 1-4。

表 1-4　数字显示游标卡尺

名　　称	数显游标卡尺	数显高度尺	数显深度尺
测量范围/mm	0～150，0～200，0～300，0～500	0～300，0～500	0～200
分辨率/mm	0.01		
测量精度/mm	（0～200）0.03，（>200～300）0.04，（>300～500）0.05		
测量移动速度/m/s	1.5		
使用温度/℃	0～+40		

1.1.5　螺旋测微量具

用螺旋测微原理制成的量具，称为螺旋测微量具。它们的测量精度比游标卡尺高，并且测量比较灵活，因此当加工精度要求较高时多被应用。常用的螺旋读数量具有百分尺和千分尺。百分尺的读数值为 0.01mm，千分尺的读数值为 0.001mm。一般情况下，把百分尺和千分尺统称为千分尺。目前，车间里大量使用的是读数值为 0.01mm 的千分尺。

千分尺的种类很多，机械加工车间常用的有：外径千分尺、内径千分尺、深度千分尺、螺纹千分尺、公法线千分尺等，并分别测量或检验零件的外径、内径、深度、厚度、螺纹的中径、齿轮的公法线长度等。

（一）外径千分尺

1. 结构

常用的外径千分尺用于测量或检验零件的外径、凸肩厚度以及板厚或壁厚等（测量孔壁厚度的百分尺，其量面呈球弧形）。外径千分尺由尺架、测微头、测力装置和制动器等组成，如图 1-21 所示，是测量范围为 0～25mm 的外径千分尺。尺架 1 的一端装有固定测砧 2，另一端装有测微头。固定测砧和测微螺杆的测量面上都镶有硬质合金，以提高测量面的使用寿命。尺架的两侧面覆盖着绝热装置 12，使用千分尺时，手拿在绝热板上，防止人体的热量影响千分尺的测量精度。

2. 工作原理和读数方法

1）工作原理

用千分尺测量零件的尺寸，就是把被测零件置于千分尺的两个测砧之间，两测砧面之间的距离就是零件的测量尺寸。当测微螺杆在螺纹轴套中旋转时，由于螺旋线的作用，测量螺杆就有轴向移动，使两测砧面之间的距离发生变化。如测微螺杆按顺时针的方向旋转一周，两测砧面之间的距离就缩小一个螺距。同理,若按逆时针方向旋转一周,则两砧面的距离就增大一个螺距。

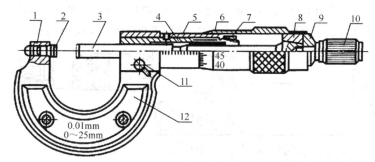

1—尺架;2—测砧;3—测微螺杆;4—螺纹轴套;5—固定套筒;6—微分筒;7—调节螺母;

8—弹簧套;9—垫片;10—测力装置;11—锁紧装置;12—绝热装置

图 1-21   0~25mm 外径千分尺

常用千分尺测微螺杆的螺距为 0.5mm,当测微螺杆顺时针旋转一周时,两测砧面之间的距离就缩小 0.5mm。当测微螺杆顺时针旋转不到一周时,缩小的距离就小于一个螺距,它的具体数值可从与测微螺杆结成一体的微分筒的圆周刻度上读出。微分筒的圆周上刻有 50 个等分线,当微分筒转一周时,测微螺杆就推进或后退 0.5mm,微分筒转过它本身圆周刻度的 1 格时,两测砧面之间转动的距离为:0.5mm÷50=0.01mm。因此,千分尺上的螺旋读数机构,可以正确地读出 0.01mm,即千分尺的分度值为 0.01mm。

2)读数方法

在千分尺的固定套筒上刻有轴向中线,作为微分筒读数的基准线。另外,为了计算测微螺杆旋转的整数转,在固定套筒中线的两侧刻有两排刻线,刻线间距均为 1mm,上下两排相互错开 0.5mm,千分尺读数方法如下:

(1)读出固定套筒上露出的刻线尺寸,一定要注意不能遗漏应读出的 0.5mm 的刻线值。

(2)读出微分筒上的尺寸,要看清微分筒圆周上哪一格与固定套筒的中线基准对齐,将格数乘 0.01mm 即得微分筒上的尺寸。

(3)将上面两个数相加,即为千分尺上测得的尺寸。

在图 1-22(a)中,固定套筒上的读数为 12mm,微分筒上的读数为 4(格)×0.01mm=0.04mm,两数相加即得被测零件的尺寸为 12.04mm。采用同样方法,在图 1-22(b)中,固定套筒上读数为 32.5mm,微分筒上读数为 35(格)×0.01mm=0.35mm,所以,被测零件的尺寸为 32.85mm。

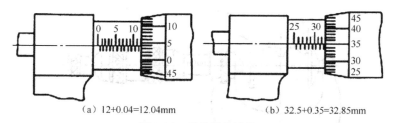

(a)12+0.04=12.04mm   (b)32.5+0.35=32.85mm

图 1-22   千分尺的读数

3. 数字外径千分尺

近年来，数字外径千分尺在我国普遍使用，如图 1-23 所示，用数字表示读数，使用更为方便。另外，在固定套筒上刻有游标，利用游标可读出 0.002mm 或 0.001mm 的读数值。

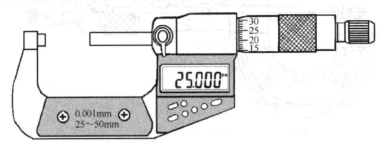

图 1-23   数字外径千分尺

（二）内径千分尺

内径千分尺用来测量小尺寸内径和内侧面槽的宽度。其特点是容易找正内孔直径，测量方便。国产内径千分尺的读数值为 0.01mm，测量范围有 5～30mm 和 25～50mm 两种，如图 1-24 所示是 5～30mm 的内径千分尺。内径千分尺的读数方法与外径千分尺相同，只是套筒上的刻线尺寸与外径千分尺相反。另外，它的测量方向和读数方向也都与外径千分尺相反。

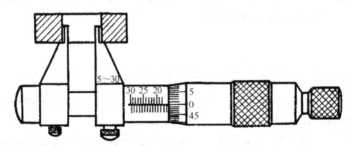

图 1-24   内径千分尺

（三）公法线千分尺

公法线千分尺如图 1-25 所示，主要用于测量外啮合圆柱齿轮的两个不同齿面公法线长度，也可以在检验切齿机床精度时，按被切齿轮的公法线检查其原始外形尺寸。它的结构与外径千分尺相同，所不同的是在测量面上装有两个带精确平面的量钳（测量面）来代替原来的测砧面。

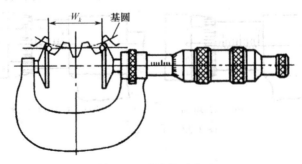

图 1-25   公法线千分尺

测量范围：0～25mm，25～50mm，50～75mm，75～100mm，100～125mm，125～150mm。分度值为0.01mm。测量模数 $m \geqslant 1$mm。

（四）螺纹千分尺

螺纹千分尺如图1-26所示，主要用于测量普通螺纹的中径，结构与外径百分尺相似，所不同的是它有两个特殊的可调换的测头1和2，其角度与螺纹牙形角相同，测量范围与测量螺距的范围见表1-5。

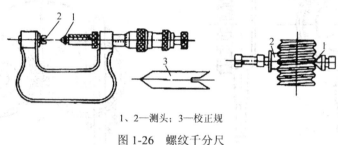

1、2—测头；3—校正规

图1-26 螺纹千分尺

表1-5 普通螺纹中径测量范围

测量范围/mm	测头数量/副	测头测量螺距的范围/mm
0～25	5	0.4～0.5，0.6～0.8，1～1.25，1.5～2，2.5～3.5
25～50	5	0.6～0.8，1～1.25，1.5～2，2.5～3.5，4～6
50～75	4	1～1.25，1.5～2，2.5～3.5，4～6
75～100		
100～125	3	1.5～2，2.5～3.5，4～6

1.1.6 指示式量具

指示式量具是以指针指示出测量结果的量具。车间常用的指示式量具有百分表、千分表、杠杆千分表和内径百分表等，主要用于校正零件的安装位置，检验零件的形状精度和相互位置精度，以及测量零件的内径等。

（一）百分表

百分表和千分表，都是用来校正零件或夹具的安装位置、检验零件的形状精度或相互位置精度的。它们的结构原理没有什么大的不同，只是千分表的读数精度比较高，读数值为0.001mm，而百分表的读数值为0.01mm，车间里经常使用的是百分表。

1. 结构

百分表的外部结构如图1-27（a）所示，表盘3上刻有100个等分格，其刻度值（即读数值）为0.01mm。当大指针转一圈时，小指针即转动一小格，转数指示盘5的刻度值为1mm。用手转动表圈4时，表盘3也跟着转，可使指针对准任意刻线，测量杆8是沿着装夹套筒7上下移动的，套筒可作为安装百分表用。9是测量头，2是手提测量杆用的圆头。

图1-27（b）所示为百分表的内部结构，带有齿条的测量杆10的直线移动，通过齿轮传动（Z_1、Z_2、Z_3），转变为指针11的回转运动。齿轮 Z_4 和游丝12使齿轮传动的间隙始终在一个方向，起着稳定指针位置的作用。弹簧13是控制百分表的测量压力的。百分表内的齿轮传动机构，

使测量杆直线移动 1mm 时指针正好回转一圈。由于百分表的测量杆是进行直线移动的，可用来测量长度尺寸，所以它们也是长度测量工具。目前，国产百分表的测量范围（即测量杆的最大移动量）有 0～3mm、0～5mm、0～10mm 三种。

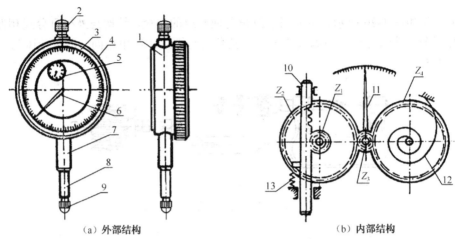

（a）外部结构　　　　　　　　　　　　　（b）内部结构

1—表体；2—手提测量杆用的圆头；3—表盘；4—表圈；5—转数指示盘；6、11—指针；7—装夹套筒；

8．10—测量杆；9—测量头；12—游丝；13—弹簧；Z_1、Z_2、Z_3、Z_4—齿轮

图 1-27　百分表结构

2．使用方法

（1）应检查测量杆活动的灵活性，即轻轻推动测量杆时，测量杆在套筒内的移动要灵活，没有任何卡壳现象，且每次放松后，指针能回复到原来的刻度位置。

（2）必须把百分表固定在可靠的夹持架上，如固定在万能表架或磁性表座上，如图 1-28 所示，夹持架要安放平稳，以免使测量结果不准确或摔坏百分表，用夹持百分表的套筒来固定百分表时，夹紧力不要过大，以免因套筒变形而使测量杆活动不灵活。

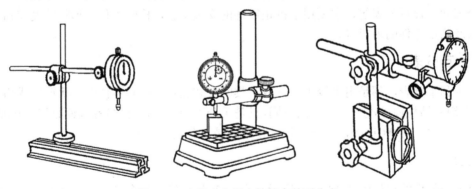

图 1-28　安装在专用夹持架上的百分表

（3）用百分表测量零件时，测量杆必须垂直于被测量表面，否则将产生较大的测量误差。测量圆柱形工件时，测量杆的轴线与圆柱形工件直径方向一致，如图 1-29 所示。

（4）测量时，不要使测量杆的行程超过它的测量范围，不要使测量头突然撞击在零件上，不要使百分表和测量头受到剧烈的振动和撞击，也不要把零件强迫推入测量头下，免得损坏百分表的机件而失去精度。因此，用百分表测量表面粗糙或有显著凹凸不平的零件是错误的。

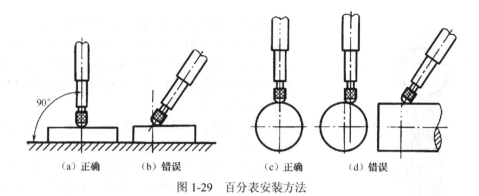

图 1-29　百分表安装方法

（5）用百分表校正或测量零件时，应当使测量杆有一定的初始测力，即在测量头与零件表面接触时，测量杆应有 0.3～1mm 的压缩量（千分表可小一点，有 0.1mm 即可），使指针转过半圈左右，然后转动表圈，使表盘的零位刻线对准指针。轻轻地拉动手提测量杆的圆头，拉起和放松几次，检查指针所指的零位有无改变。当指针的零位稳定后，再开始测量或校正零件的工作。如果是校正零件，此时开始改变零件的相对位置，读出指针的偏摆值，就是零件安装的偏差数值，如图 1-30 所示。

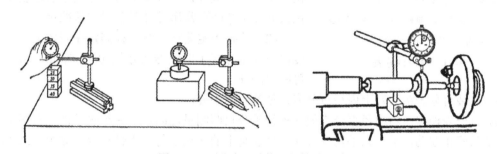

图 1-30　百分表尺寸校正与检验方法

（6）严格防止水、油和灰尘渗入表内，测量杆上也不要加油，免得粘有灰尘的油污进入表内，影响表的灵活性。

（7）应使测量杆处于自由状态，避免使表内的弹簧失效（如内径百分表上的表头），不使用时，应拆下来保存。

（二）内径百分表

用内径百分表测量工件是一种比较测量法，用于测量或检验零件的孔的直径、槽宽等内尺寸以及孔或槽的几何形状误差。

1. 结构

内径百分表的结构如图 1-31 所示，主要由百分表 5、推杆 7、表体 2、转向装置（等臂直角杠杆 8）、固定测头 1、活动测头 10 等组成。百分表应符合零级精度要求，表体与直管 3 连成一体，指示表装在直管内并与传动推杆 7 接触，用紧固螺钉 4 固定。表体左端带有可换固定测头 1，右端带有活动测头 10 和定位护桥 9（定位护桥的作用是使测量轴线通过被测孔的直径）。等臂直角杠杆 8 一端与活动测量接触，另一端与推杆接触，当活动测头沿其轴向移动 1mm 时，通过等臂直角杠杆推动推杆也移动 1mm，推动百分表的指针转动一圈。所以，活动测头的移动量可以在百分表上读出来。弹簧 6 使活动测头产生测量力。

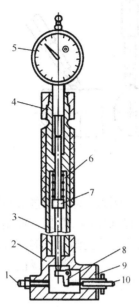

1—固定测头；2—表体；3—直管；4—固定螺钉；

5—百分表；6—弹簧；7—推杆；8 等臂直角杠杆；

9—定位护桥；10—活动测头

图 1-31　内径百分表

两触点量具在测量内径时，不容易找正孔的直径方向，定位护桥 9 和弹簧 6 就起到了帮助找正直径位置的作用，使内径百分表的两个测量头正好在内孔直径的两端。活动测头的测量压力由活动杆上的弹簧 6 控制，保证测量压力一致。

内径百分表活动测头的移动量，小尺寸的只有 0～1mm，大尺寸的可有 0～3mm，它的测量范围是由更换或调整可换测头的长度来达到的。因此，每个内径百分表都附有成套的可换测头。国产内径百分表的读数值为 0.01mm，测量范围有 6～10mm，10～18mm，18～35mm，35～50mm，50～100mm，100～160mm，160～250mm，250～450mm。

2．使用与读数方法

（1）确定基准尺寸。测量前应根据被测孔径的大小，在专用的环规或外径千分尺上调整好尺寸后才能使用，在机械加工车间通常用外径千分尺定基准尺寸。

（2）选择固定测杆。测量杆固定在表体上，使其长度比外径千分尺上的基准尺寸长 0.5～1mm，用锁紧螺母固定测杆。

（3）安装百分表头。装上内径百分表，使其压缩 1mm。

（4）百分表调零。将内径百分表放入外径千分尺两测量面间，手握绝热手柄左右摆动，找到最小值后停止摆动，另一只手转动表圈，使表盘上的零刻线与长指针重合，如图 1-32 所示。

（5）测量过程。将测量端倾斜放入被测孔内，定位护桥边先进，再按压定位护桥将固定测杆边放入，测量端放入孔内后将内径百分表竖直，左右摆动绝热手柄直管，使长指针在顺时针方向找到最小值，如图 1-33 所示。

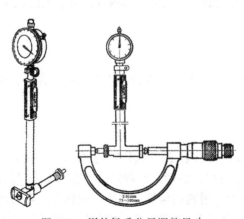

图 1-32　用外径千分尺调整尺寸

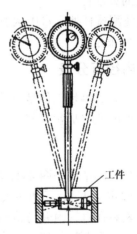

图 1-33　内径百分表的使用

（6）读数。被测尺寸等于基准尺寸与百分表示值的代数和。测量时，当长指针转折点正好对零位置时，实测尺寸为基准尺寸，以零点为分界线，大指针在零位置右边读"负"，在零位置左边读"正"。

1.1.7　游标万能角度尺

在机械制造过程中，有许多角度的工件需要测量，而测量角度的方法与量具有多种多样的选择，用来测量精密零件内外角度或进行角度划线的角度量具有游标量角器、万能角度尺等，使用游标万能角度尺测量角度比较方便。游标万能角度尺是利用游标原理对两测量面相对分隔的角度进行读数的通用角度测量工具，分 1 型和 2 型两种，其中 1 型有 2′ 和 5′ 两种分度值，2 型只有 5′ 一种分度值，以 1 型 2′ 游标万能角度尺为例，其结构如图 1-34 所示。

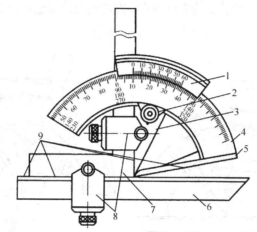

1—游标尺；2—制动头；3—扇形板；4—主尺；5—基尺；6—直尺；7—直角尺；8—卡块；9—测量面

图 1-34　万能角度尺

在万能角度尺上，基尺 5 固定在主尺 4 上，直角尺 7 是用卡块 8 固定在扇形板 3 上的，直尺 6 用卡块 8 固定在直角尺 7 上。若把直角尺 7 拆下，也可把直尺 6 固定在扇形板 3 上。由于直角尺 7 和直尺 6 可以移动和拆换，使万能角度尺可以测量 0°～320° 的任何角度。

1．工作原理

主尺分度为每格 1°，游标尺分度是把主尺 29 格的一段弧长分成 30 格，则有：游标每格 $=\dfrac{29°}{30}=\dfrac{60′\times29}{30}=58′$，主尺的一格和游标尺的一格之间差为：$1°-\dfrac{29°}{30}=60′-58′=2′$，即万能角度尺的精度为 2′。

2．读数方法

万能角度尺的读数方法和游标卡尺相同，先读出游标零线前的角度是几度，再从游标上读出角度"分"的数值，两者相加就是被测零件的角度数值。

3．使用注意事项

（1）零值检查，将游标万能角度尺擦拭干净，检查各部分相互作用是否灵活可靠，移动直尺试着与基尺的测量面相互接触，直到无光隙可见为止。同时观察主尺零刻线是否与游标零刻线对准，游标尺的尾刻线与主尺的相应刻线是否对准，如果对准便可使用，否则需要调整。

（2）测量 0°～50° 的角度时，角尺和直尺全装上，被测工件放在基尺和直尺的测量面之间，如图 1-35（a）所示。

（3）测量 50°～140°的角度时，取下直角尺，将直尺换在直角尺位置上，把被测工件放在基尺和直尺的测量面之间，如图 1-35（b）所示。

（4）测量 140°～230°的角度时，取下直尺换上直角尺，并把直角尺推进去，直到直角尺上短边的 90°角尖和基尺的尖端对齐为止，然后把直角尺和基尺的测量面靠在被测工件的表面上进行测量，如图 1-35（c）所示。

（5）测量 230°～320°的角度时，把角尺和卡块全部拆下，直接用基尺和扇形板的测量面对准被测工件进行测量，如图 1-35（d）所示。

（6）测量内角时，应注意被测内角的测量值应为 360°减去游标万能角度尺上的读数值。例如，测量 50°30′的内角在尺上的读数为 309°30′，则内角的测量值应为 360°−309°30′=50°30′。

（7）使用完毕，应擦拭干净并涂防锈油，装入木盒内。

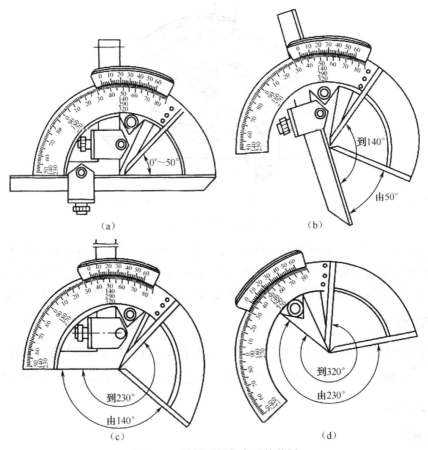

图 1-35　游标万能角度尺的使用

1.1.8　水平仪

水平仪是测量角度变化的一种常用量具，主要用于测量机件相互位置的水平位置和设备安装时的平面度、直线度和垂直度，也可测量零件的微小倾角。常用的水平仪有条式水平仪、框式水平仪和光学合像水平仪等。

（一）条式水平仪

1．结构

如图 1-36 所示为钳工常用的条式水平仪。条式水平仪由作为工作平面的 V 形底平面和与工作平面平行的水准器（俗称气泡）两部分组成。工作平面的平直度和水准器与工作平面的平行度都做得很精确，在水准器玻璃管内气泡两端刻线为零线的两边，刻有不少于 8 格的刻度，刻线间距为 2mm。

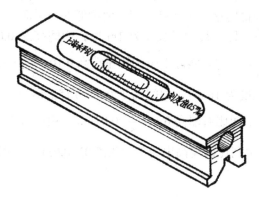

图 1-36　条式水平仪

2．工作原理

当水平仪的底平面放在准确的水平位置时，水准器内的气泡正好在中间位置（即水平位置）；当水平仪的底平面与水平位置有微小的差别时，也就是水平仪底平面两端有高低时，水准器内的气泡由于地心引力的作用总是往水准器的最高一侧移动。两端高低相差不多时，气泡移动也不多；两端高低相差较大时，气泡移动也较大，在水准器的刻度上就可读出两端高低的差值。

3．规格及读数方法

条式水平仪的规格见表 1-6。条式水平仪分度值，如分度值为 0.03mm/m，即表示气泡移动一格时，被测量长度为 1m 的两端上，高低相差 0.03mm。再如，用 200mm 长，分度值为 0.05mm/m 的水平仪，测量 400mm 长的平面的水平度。

表 1-6　条式水平仪的规格

品　种	外形尺寸/mm			分　度　值	
	长	宽	高	组别	mm/m
框式	100	25～35	100	I	0.02
	150	30～40	150		
	200	35～40	200		
	250	40～50	250	II	0.03～0.05
	300		300		
条式	100	30～35	35～40		
	150	35～40	35～45		

续表

品　种	外形尺寸/mm			分　度　值	
	长	宽	高	组别	mm/m
条式	200	40～45	40～50	Ⅲ	0.06～0.15
	250				
	300				

先把水平仪放在平面的左侧，此时若气泡向右移动两格，再把水平仪放在平面的右侧，此时若气泡向左移动三格，则说明这个平面是中间高两侧低的凸平面。中间高出多少毫米呢？从左侧看：中间比左端高两格，即在被测量长度为 1m 时，中间高 2×0.05=0.10mm，现实际测量长度为 200mm，是 1m 的 $\frac{1}{5}$，所以，实际上中间比左端高 $0.10 \times \frac{1}{5}$=0.02mm。从右侧看：中间比右端高三格，即在被测量长度为 1m 时，中间高 3×0.05=0.15mm，现实际测量长度为 200mm，是 1m 的 $\frac{1}{5}$，所以，实际上中间比右端高 $0.15 \times \frac{1}{5}$=0.03mm。由此可知，中间比左端高 0.02mm，中间比右端高 0.03mm，则中间比两端高出的数值为(0.02+0.03)÷2=0.025mm。

（二）框式水平仪

1. 结构

如图 1-37 所示为常用的框式水平仪，主要由框架 1、弧形玻璃管主水准器 2、调整水准 3 组成。利用水平仪上水准泡的移动来测量被测部位角度的变化。

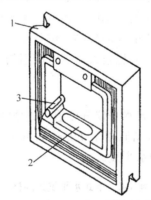

1—框架；2—主水准器；3—调整水准

图 1-37　框式水平仪

框架的测量面有平面和 V 形槽，V 形槽便于在圆柱面上测量。弧形玻璃管的表面上有刻线，内装乙醚（或酒精），并留有一个水准泡，水准泡总是停留在玻璃管内的最高处。若水平仪倾斜一个角度，气泡就向左或向右移动，根据移动的距离（格数），直接或通过计算即可得知被测工件的直线度、平面度或垂直度误差。

2. 工作原理

如图 1-38 所示，精度为 0.02mm/1000mm 的水平仪玻璃管，曲率半径 R=103132mm。若平面在

1000mm 长度中倾斜 0.02mm，则倾斜角 θ 为 $\tan\theta = \dfrac{0.02}{1000} = 0.00002$，$\theta = 4''$，水准泡转过的角度应与平面转过的角度相等，则水准泡移动的距离（1 格）为

$$\alpha = \frac{2\pi R\theta}{360 \times 60 \times 60} = \frac{2\pi \times 103132\text{mm} \times 4''}{360 \times 60 \times 60} = 2\text{mm}$$

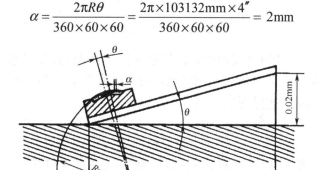

图 1-38　框式水平仪工作原理

3. 读数方法

读数方法有直接读数法和平均读数法两种。

1）直接读数法

以气泡两端的长刻线作为零线，气泡相对零线移动的格数作为读数，这种读数方法最为常用，如图 1-39 所示。

图 1-39（a）表示水平仪处于水平位置，气泡两端位于长线上，读数为"0"。图 1-39（b）表示水平仪逆时针方向倾斜，气泡向右移动，图示位置读数为"+2"。图 1-39（c）表示水平仪顺时针方向倾斜，气泡向左移动，图示位置读数为"-3"。

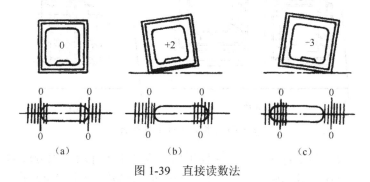

(a)　　　　　(b)　　　　　(c)

图 1-39　直接读数法

2）平均读数法

由于环境温度变化较大，使气泡变长或缩短，引起读数误差而影响测量的准确性，可采用平均读数法，以消除读数误差。

平均读数法读数是分别从两条长刻线起，向气泡移动方向读至气泡端点止，然后取这两个读数的平均值作为这次测量的读数值，如图 1-40 所示。

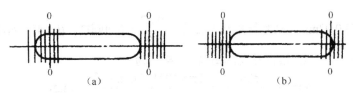

图 1-40   平均读数法

图 1-40（a）表示，由于环境温度较高，气泡变长，测量位置使气泡左移。读数时，从左边长刻线起，向左读数"-3"，从右边长刻线起，向左读数"-2"。取这两个读数的平均值，作为这次测量的读数值，即 $\frac{(-3)+(-2)}{2} = -2.5$。

图 1-40（b）表示，由于环境温度较低，气泡缩短，测量位置使气泡右移，按上述读数方法，读数分别为"+2"和"+1"，则测量的读数值为 $\frac{(+2)+(+1)}{2} = +1.5$。

4．使用方法

（1）框式水平仪的两个 V 形测量面是测量精度的基准，在测量中不能与工作的粗糙面接触或摩擦。安放时必须小心轻放，避免因测量面划伤而损坏水平仪和造成不应有的测量误差。

（2）用框式水平仪测量工件的垂直面时，不能握住与副测面相对的部位，而用力向工件垂直平面推压，这样会因水平仪的受力变形，影响测量的准确性。正确的测量方法是手握住副测面内侧，使水平仪平稳、垂直地（调整气泡位于中间位置）贴在工件的垂直平面上，然后从纵向水准读出气泡移动的格数。

（3）使用水平仪时，要保证水平仪工作面和工件表面的清洁，以防止脏物影响测量的准确性。测量水平面时，在同一个测量位置上，应将水平仪调过相反的方向再进行测量。当移动水平仪时，不允许水平仪工作面与工件表面发生摩擦，应该提起来放置，如图 1-41 所示。

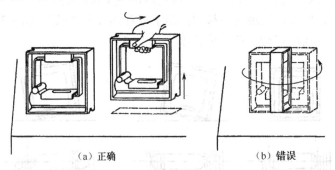

（a）正确   （b）错误

图 1-41   水平仪的使用方法

（4）当测量长度较大的工件时，可将工件平均分成若干尺寸段，用分段测量法，然后根据各段的测量读数，绘出误差坐标图，以确定其误差的最大格数，如图 1-42 所示。床身导轨在纵向垂直平面内直线度的检验时，将方框水平仪纵向放置在刀架上靠近前导轨处，从刀架处于主轴箱一端的极限位置开始，从左向右移动刀架，每次移动距离应近似等于水平仪的边框尺寸（200mm）。依次记录刀架在每次测量长度位置时的水平仪读数。将这些读数依次排列，用适当的比例画出导轨在垂直平面内的直线度误差曲线。水平仪读数为纵坐标，刀架在起始位置时的水平仪读数为起点，由坐标原点起作一折线段，其后每次读数都以前折线段的终点为起点，画出应折线段，各折线段组成的曲线，即为导轨在垂直平面内直线度曲线。曲线相对其两端连线的最大坐标值，就是导轨全长的直线度误差，曲线上任意局部测量长度内的两端点相对曲线两端点的连线坐标差值，也就是导轨的局部误差。

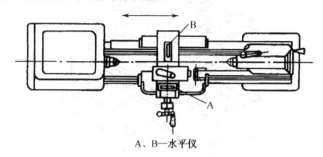

A、B—水平仪

图 1-42　纵向导轨在垂直平面内的直线度检验

示例：一台床身导轨长度为 1600mm 的卧式车床，用尺寸为 200mm×200mm、精度为 0.02mm/1000mm 的方框水平仪检验其直线度误差。

将导轨分成 8 段，使每段长度为水平仪边框尺寸（200mm），分段测得水平仪的读数为+1、+2、+1、0、-1、0、-1、-0.5。根据这些读数画出误差曲线图，如图 1-43 所示。作图的坐标为：纵轴方向每一格表示水平仪气泡移动一格的数值，横轴方向表示水平仪的每段测量长度。作出曲线后再将曲线的首尾（两端点）连线 I-I，并经曲线的最高点作垂直于水平轴方向的垂线与连线相交的那段距离 n，即为导轨的直线度误差的格数。从误差曲线图可以看到，导轨在全长范围内呈现出中间凸的状态，且凸起值最大在导轨 600～800mm 长度处。

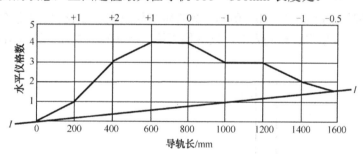

图 1-43　导轨在垂直平面内直线度误差曲线图

将水平仪测量的偏差格数换算成标准的直线度误差值 δ，即

$$\delta = nil$$

式中　　n——误差曲线中的最大误差格数；

　　　　i——水平仪的精度（0.02mm/1000mm）；

　　　　l——每段测量长度（mm）。

按误差曲线图各数值计算得

$$\delta = 3.5 \times 0.02mm/1000mm \times 200mm = 0.014mm$$

（5）机床工作台面的平面度检验方法如图 1-44 所示，工作台及床鞍分别置于行程的中间位置，在工作台面上放一桥板，其上放水平仪，分别沿图示各测量方向移动桥板，每隔桥板跨距 d 记录一次水平仪读数。通过工作台面上 A、B、D 三点建立基准平面，根据水平仪读数求得各测点平面的坐标值。误差以任意 300mm 测量长度上的最大坐标值计算，标准规定允差见表 1-7。

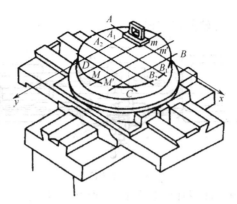

图 1-44　检验工作台面的平面度

表 1-7　工作台面的平面度允差/mm

工作台直径	≥500	>500～630	>630～1250	>1250～2000
在任意 300mm 测量长度允差值	0.02	0.025	0.03	0.035

（6）测量大型零件的垂直度时，如图 1-45（a）所示，用水平仪粗调基准表面到水平，分别在基准表面和被测表面上用水平仪分段逐步测量并用图解法确定基准方位，然后求出被测表面相对于基准的垂直度误差。

测量小型零件时，如图 1-45（b）所示，先将水平仪放在基准表面上，读气泡一端的数值，然后用水平仪的一侧紧贴垂直被测表面，气泡偏离第一次（基准表面）读数值，即为被测表面的垂直度误差。

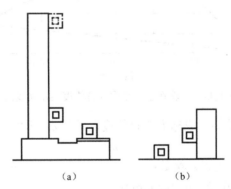

(a)　　　　　　(b)

图 1-45　水平仪垂直度测量

（7）水平仪使用完后，应涂上防锈油并妥善保管好。

（三）光学合像水平仪

光学合像水平仪用于精密机械中，测量工件的平面度、直线度和找正安装设备的正确位置。

1．结构和工作原理

合像水平仪主要由测微螺杆、杠杆系统、水准器、光学合像棱镜和具有 V 形工作平面的底座等组成，如图 1-46 所示。水准器安装在杠杆架的底板上，它的水平位置用微分盘旋钮通过测微螺杆与杠杆系统进行调整。水准器内的气泡圆弧，分别用三个不同方向位置的棱镜反射至观察窗，分成两个半像，利用光学原理把气泡像复合放大（放大 5 倍），提高读数精度，并通过杠杆机构提高读数的灵敏度和增大测量范围。

当水平仪处于水平位置时，气泡 A 与 B 重合，如图 1-46（b）所示。当水平仪倾斜时，气泡 A 与 B 不重合，如图 1-46（d）所示。测微螺杆的螺距 P=0.5mm，微分盘刻线分为 100 等分。微分盘转过一格，测微螺杆上螺母轴向移动 0.005mm。

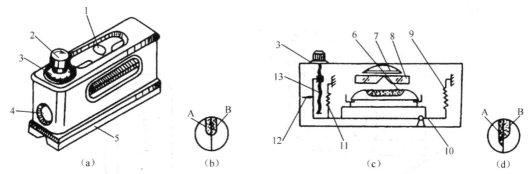

1、4—窗口；2—微分盘旋钮；3—微分盘；5—水平仪底座；6—玻璃管；7—放大镜；
8—合成棱镜；9、11—弹簧；10—杠杆架；12—指针；13—测微螺杆；A、B—气泡

图 1-46　数字式光学合像水平仪

2．使用方法

将水平仪放在工件的被测表面上，眼睛看窗口 1，手转动微分盘，直至两个半气泡重合时进行读数。读数时，从窗口 4 读出毫米数，从微分盘上读出刻度数。

示例：分度值为 0.01mm/1000mm 的光学合像水平仪微分盘上的每一格刻度表示在 1m 长度上，两端的高度差为 0.01mm。测量时，如果从窗口读出的数值为 1mm，微分盘上的刻度数为 16，这次测量的读数就是 1.16mm，即被测工件表面的倾斜度在 1m 长度上高度差为 1.16mm。如果工件的长度小于或大于 1m 时，可按正比例方法计算：1m 长度上的高度差×工件长度。

3．使用特点

（1）测量工件被测表面误差大或倾斜程度较大时，使用框式水平仪，气泡就会移至极限位置而无法测量，光学合像水平仪就具有这一弊病。

（2）环境温度变化对测量精度有较大的影响，所以使用时应尽量避免工件和水平仪受热。

1.1.9　量块

量块又称块规，是一种没有刻度的长方六面体的量具，具有两个平面的测量面。这两个测量面极为光滑平整，它们之间具有精确的尺寸。量块是长度量值传递系统中的实物标准，是从标准长度到零件之间尺寸传递的媒介，是技术测量上长度计量的基准。可以用来检定和调整计量器具、机床、工具和其他设备，也可以直接用于测量工件。

（一）量块结构

量块是用耐磨性好、硬度高而不易变形的轴承钢制成矩形截面的长方块，如图 1-47 所示。它有上、下 2 个测量面和 4 个非测量面。2 个测量面是经过精密研磨和抛光加工的很平很光的平行平面。量块的矩形截面尺寸是：基本尺寸 0.5～10mm 的量块，其截面尺寸为 30mm×9mm；基本尺寸大于 10～1000mm，其截面尺寸为 35mm×9mm。

量块的工作尺寸不是指两个测量面之间任何处的距离，因为两个测量面不是绝对平行的，因此量块的工作尺寸是指中心长度，即量块的一个测量面的中心至另一个测量面相粘合面（其表面质量与量块一致）的垂直距离，如图1-48所示。在每块量块上，都标记着它的工作尺寸：当量块尺寸等于或大于6mm时，工作标记在非工作面上；当量块在6mm以下时，工作尺寸直接标记在测量面上。

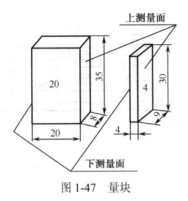

图1-47 量块

图1-48 量块的中心长度

（二）量块的精度

根据量块的工作尺寸（即中心长度）的精度和两个测量面的平面平行度的准确程度，分成五个精度级，即K级、0级、1级、2级和3级。K级量块的精度最高，工作尺寸和平面平行度等都做得很准确，只有零点几个微米的误差，一般仅用于省市计量单位作为检定或校准精密仪器使用。

0级、1级量块的精度次之，2级更次之。3级量块的精度最低，一般作为工厂或车间计量站使用的量块，用来检定或校准车间常用的精密量具。

量块是精密的尺寸标准，制造不容易。为了使工作尺寸偏差稍大的量块仍能作为精密的长度标准使用，可将量块的工作尺寸检定得准确些，在使用时加上量块检定的修正值。这样做，虽在使用时比较麻烦，但它可以将偏差稍大的量块，仍作为尺寸的精密标准。

（三）成套量块和量块组合

量块是成套供应的，并每套装成一盒。每盒中有各种不同尺寸的量块，其尺寸编组有一定的规定。常用成套量块的编组见表1-8。

表1-8 成套量块的编组

套　别	总 块 数	精 度 级 别	尺寸系列/mm	间隔/mm	块　数
1	91	0，1	0.5，1	—	2
			1.001，1.002，…，1.009	0.001	9
			1.01，1.02，…，1.49	0.01	49
			1.5，1.6，…，1.9	0.1	5
			2.0，2.5，…，9.5	0.5	16
			10，20，…，100	10	10

续表

套　别	总 块 数	精 度 级 别	尺寸系列/mm	间隔/mm	块　数
2	83	0, 1, 2	0.5, 1, 1.005	—	3
			1.01, 1.02, …, 1.49	0.01	49
			1.5, 1.6, …, 1.9	0.1	5
			2.0, 2.5, …, 9.5	0.5	16
			10, 20, …, 100	10	10
3	46	0, 1, 2	1	—	1
			1.001, 1.002, …, 1.009	0.001	9
			1.01, 1.02, …, 1.09	0.01	9
			1.1, 1.2, …, 1.9	0.1	9
			2, 3, …, 9	1	8
			10, 20, …, 100	10	10
4	38	0, 1, 2	1, 1.005	—	2
			1.01, 1.02, …, 1.09	0.01	9
			1.1, 1.2, …, 1.9	0.1	9
			2, 3, …, 9	1	8
			10, 20, …, 100	10	10
5	10⁻		0.991, 0.992, …, 1	0.001	10
6	10⁺	0, 1	1, 1.001, …, 1.009	0.001	10
7	10⁻		1.991, 1.992, …, 2	0.001	10
8	10⁺		2, 2.001, …, 2.009	0.001	10
9	8	0, 1, 2	125, 150, 175, 200, 250, 300, 400, 500	—	8
10	5		600, 700, 800, 900, 1000	—	5
11	10	0, 1, 2	2.5, 5.1, 7.7, 10.3, 12.9, 15, 17.6, 20.2, 22.8, 25	—	10
12	10	0, 1, 2	27.5, 30.1, 32.7, 35.3, 37.9, 40, 42.6, 45.2, 47.8, 50	—	10
13	10	0, 1, 2	52.5, 55.1, 57.7, 60.3, 62.9, 65, 67.6, 70.2, 72.8, 75	—	10
14	10	0, 1, 2	77.5, 80.1, 82.7, 85.3, 87.9, 90, 92.6, 95.2, 97.8, 100	—	10
15	12	3	41.2, 81.5, 121.8, 51.2, 121.5, 191.8, 101.2, 201.5, 291.8, 10, 20（两块）	—	12
16	6	3	101.2, 200, 291.5, 375, 451.8, 490	—	6
17	6	3	201.2, 400, 581.5, 750, 901.8, 990	—	6

　　在总块数为 83 块和 38 块的两盒成套量块中，有时带有 4 块护块，所以每盒变为 87 块和 42 块了。护块即保护量块，主要是为了减少常用量块的磨损，在使用时可放在量块组的两端，以保护其他量块。

（四）量块的使用

　　每块量块只有一个工作尺寸，但由于量块的两个测量面做得十分准确而光滑，具有可粘合的特性。即将两块量块的测量面轻轻地推合后，这两块量块就能粘合在一起，不会自己分开，好像一块量块一样。

1．量块尺寸的选取

利用量块的可粘合性，就可组成各种不同尺寸的量块组，大大扩大了量块的应用范围。但为了减小误差，希望组成量块组的块数不超过 4～5 块。为了使量块组的块数为最小值，在组合时就要根据一定的原则来选取量块尺寸，即首先选择能去除最小位数的尺寸量块。例如，若要组成 87.545mm 的量块组，其量块尺寸的选择方法见表 1-9。

表 1-9　量块组的选择方法（87.545mm）

序　号	量块尺寸/mm	剩余尺寸/mm
1	1.005	86.54
2	1.04	85.5
3	5.5	80
4	80	0

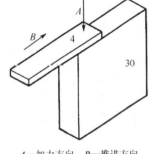

A—加力方向；B—推进方向

图 1-49　量块的研合

2．量块的研合

研合量块时，首先用优质汽油将所选用的各量块清洗干净，用清洁的麂皮或软绸擦干，然后以大尺寸量块为基础，顺次将小尺寸量块研合上去。研合方法如下：将量块沿着其测量面长边方向先将两块量块测量面的端缘部分接触并研合，然后稍加压力，将一块量块沿着另一块量块推进，如图 1-49 所示，使两块量块的测量面全部接触，并研合在一起。

3．使用注意事项

（1）使用前，先在汽油中洗去防锈油，再用清洁的麂皮或软绸擦干净。不要用棉纱头去擦量块的工作面，以免损伤量块的测量面。

（2）清洗后的量块，不要直接用手去拿，应当用软绸衬起来拿，最好用竹镊子夹持。若必须用手拿量块时，应当把手洗干净，并且要拿在量块的非工作面上。

（3）把量块放在工作台上时，应使量块的非工作面与台面接触。不要把量块放在蓝图上，因为蓝图表面有残留化学物，会使量块生锈。

（4）不要使量块的工作面与非工作面进行推合，以免擦伤测量面。

（5）量块使用后，应及时在汽油中清洗干净，用软绸擦拭干后，涂上防锈油，放在专用的盒子里。若经常需要使用，可在洗净后不涂防锈油，放在干燥缸内保存。绝对不允许将量块长时间的粘合在一起，以免由于金属黏结而引起不必要的损伤。

（五）量块附件

为了扩大量块的应用范围，便于各种测量工作，可采用成套的量块附件。量块附件中，主要的是不同长度的夹持器和各种测量用的量爪，如图 1-50（a）所示。量块组与量块附件装置后，可用来进行校准量具尺寸（如内径百分尺的校准），测量轴径、孔径、高度和划线等工作，如图 1-50（b）所示。

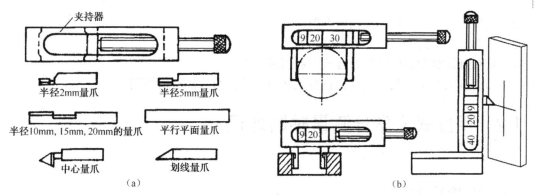

图 1-50　量块附件及其使用

四、量具的维护和保养

（1）在机床上测量零件时，要等零件完全停稳后进行，否则不但使量具的测量面过早磨损而失去精度，且会造成事故。尤其是车工使用外卡时，不要以为卡钳简单，磨损一点无所谓，要注意铸件内常有气孔和缩孔，一但钳脚落入气孔内，可把操作者的手也拉进去，造成严重事故。

（2）测量前应把量具的测量面和零件的被测量表面都要擦试干净，以免因有脏物存在而影响测量精度。用精密量具如游标卡尺、百分尺和百分表等，去测量锻铸件毛坯，或带有研磨剂（如金刚砂等）的表面是错误的，这样易使测量面很快磨损而失去精度。

（3）量具在使用过程中，不要和工具、刀具如锉刀、榔头、车刀和钻头等堆放在一起，避免碰伤量具。也不要随便放在机床上，避免因机床振动而使量具掉下来损坏。尤其是游标卡尺等，应平放在专用盒子里，避免使尺身变形。

（4）量具是测量工具，绝对不能作为其他工具的代用品。例如，拿游标卡尺划线，拿百分尺当小榔头，拿钢直尺当起子旋螺钉，以及用钢直尺清理切屑等都是错误的。忌把量具当玩具，如把百分尺等拿在手中任意挥动或摇转等也是错误的，都是易使量具失去精度的行为。

（5）温度对测量结果影响很大，一般可在室温下进行测量，但必须使工件与量具的温度一致，零件的精密测量一定要使零件和量具都在 20℃ 的情况下进行测量。量具不应放在阳光下或床头箱上，更不要把精密量具放在热源（如电炉、热交换器等）附近，否则量具和零件会受热变形，使测量结果不准确。

（6）不要把精密量具放在磁场附近，如放在磨床的磁性工作台上，以免使量具感磁。

（7）发现精密量具有不正常现象时，如量具表面不平、有毛刺、有锈斑以及刻度不准、尺身弯曲变形、活动不灵活等，使用者不应当自行拆修，更不允许自行用榔头敲、锉刀锉、砂布打光等粗糙办法修理，以免反而增大量具误差。发现上述情况，使用者应当主动送计量站检修，并经检定量具精度后再继续使用。

（8）量具使用后，应及时擦干净，除不锈钢量具或有保护镀层者外，金属表面应涂上一层防锈油，放在专用的盒子里，保存在干燥的地方，以免生锈。

（9）精密量具应实行定期检定和保养，长期使用的精密量具，要定期送计量站进行保养和检定精度，以免因量具的示值误差超差而造成产品质量事故。

五、思考题

（1）常用量具有哪些？有哪些型号或规格？分度值是多少？

（2）量具在使用前为什么要先校零？

（3）具有游标尺的量具有几种类型？如何读数？

（4）具有螺旋测微器的量具有哪些？如何读数？

（5）用百分表测量轴颈和用内径百分表测量孔径读数方法有何不同？

1.2　用立式光学计测量轴的外径

一、实验目的

（1）了解立式光学计的测量原理。

（2）熟悉立式光学计的结构和测量外径的方法。

（3）加深理解计量器具与测量方法的常用术语。

二、实验量仪说明

1. 立式光学计

立式光学计也称立式光学比较仪，是一种精度较高而结构简单的常用光学量仪，主要用途是利用量块与零件相比较的方法，来测量物体外形的微差尺寸，对于柱形、球形、线形等物体的直径或板形物体的厚度均能测量，如图 1-51 所示。它由底座 1、立柱 7、横臂 5、直角光管 17、投影灯 23、投影筒 24、进光反射镜 10、普通照明灯 28、变压器 25 和调节式工作台 21 等几部分组成。

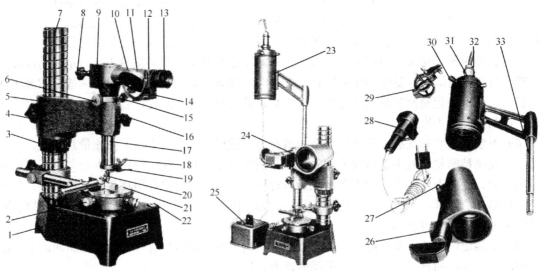

1—底座；2—平台调整螺丝；3—横臂升降螺圈；4—横臂固定螺旋；5—横臂；6—微动手轮；7—立柱；8—投影灯固定螺旋；

9—投影灯插孔；10—进光反射镜；11—连接座；12—目镜座；13—目镜；14—零位调节手轮；15—微动凸轮托圈固定螺旋；

16—光管固定螺旋；17—光学计管；18—提升器调节螺丝；19—提升器；20—测帽；21—调节式工作台；

22—螺孔（固定方形槽面工作台用）；23—投影灯；24—投影筒；25—变压器；26—投影筒连接销；27—投影筒连接轴；

28—普通照明灯；29—测力减压装置；30—灯泡中心调节螺丝；31—投影灯座；32—灯泡固定螺丝；33—插杆

图 1-51　立式光学计

2. 195 发动机活塞销

合格零件尺寸为 $\phi 35_{-0.011}^{0}$ mm。

3. 量块

83 块量块。

三、实验原理

立式光学计是利用光学杠杆放大原理进行测量的仪器，其光学系统如图 1-52 所示。照明光线经反射镜 1 照射到刻度尺 8 上，再经直角棱镜 2、物镜 3 照射到平面反射镜 4 上。由于刻度尺 8 位于物镜 3 的焦平面上，故从刻度尺 8 上发出的光线经物镜 3 后成为一平行光束，若平面反射镜 4 与物镜 3 之间相互平行，则反射光线折回到焦平面，刻度尺的像 7 与刻度尺 8 对称。若被测尺寸变动使测杆 5 推动平面反射镜 4 绕支点转动某一角度 α，如图 1-52（a）所示。则反射光线相对于入射光线偏转 2α 角度，从而使刻度尺的像 7 产生位移 l，如图 1-52（c）所示，它代表被测尺寸的变动量。物镜至刻度尺 8 间的距离为物镜焦距 f，设 b 为测杆中心至平面反射镜支点间的距离，s 为测杆移动的距离，则由图 1-52（a）可知：

$$l = f \tan 2\alpha \ , \quad s = b \tan \alpha$$

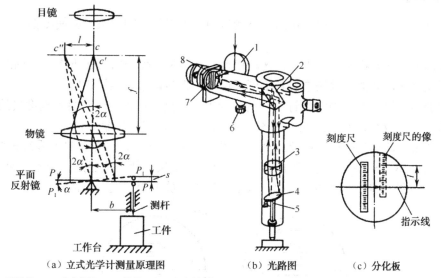

（a）立式光学计测量原理图　　　（b）光路图　　　（c）分化板

1—反射镜；2—直角棱镜；3—物镜；4—平面反射镜；5—测杆；6—微调螺钉；7—刻度尺的像；8—刻度尺

图 1-52　立式光学计光学系统原理图

光管的放大倍数 n 为刻线尺的像位移 l 对测杆位移 s 比值，计算公式如下：

$$n = \frac{l}{s} = \frac{f \tan 2\alpha}{b \tan \alpha} \tag{1-1}$$

当 α 很小时，$\tan 2\alpha \approx 2\alpha$，$\tan \alpha \approx \alpha$，则

$$n = \frac{2f}{b} \tag{1-2}$$

已知 $f = 200$ mm，$b = 5$ mm，目镜放大倍数为 12，光管中分化板上的刻线尺的刻度间距 c 为 0.08mm，人眼从目镜中看到的刻度尺像的刻度间距 $a = 12c = 12 \times 0.08 = 0.96$mm，因此，光管

放大倍数为 $n = \dfrac{2 \times 200}{5} = 80$

光学计的总放大倍数为 $K = 12n = 12 \times 80 = 960$

量仪的分度值为 $\qquad i = \dfrac{a}{K} = \dfrac{0.96}{960} = 0.001\text{mm} = 1\mu\text{m}$ $\qquad$ （1-3）

量仪的示值范围为±100μm，测量范围为 0～180mm。

四、实验步骤

1．选择测头

测头有球形、平面形和刀口形三种，根据被测零件表面的几何形状来选择，使测头与被测表面尽量满足点接触。所以，测量平面工件时，选用球形测头。测量球面或圆柱面工件时，选用平面形测头。测量小于 10mm 的圆柱面工件时，选用刀口形测头。

2．组合量块

按被测零件的基本尺寸 Φ35 组合量块。

3．仪器调零

（1）放置量块。将组合好的量块组的下测量面置于工作台的中央，并使测帽对准上测量面的中央。

（2）粗调节。松开横臂紧固螺钉，转动横臂升降螺母，使横臂缓慢下降，直到测头与量块上测量面轻微接触，并能在视场中看到刻度尺像时，将横臂紧固螺钉锁紧。

（3）细调节。松开光管固定螺钉，转动微动手轮，直至在目镜中观察到刻度尺的像与 μ 指示线接近为止，一般在±10μm 之间，如图 1-53（a）所示，然后拧紧螺钉。

（4）微调节。转动刻度尺寸微调螺钉，如图 1-52（b）所示，使刻度尺的零线影像与 μ 指示线重合，如图 1-53（b）所示。然后压下测头提升杠杆数次，使零位稳定，误差不超过±1μm。

（5）放置被测量零件。将测头抬起，取下量块组，放上 195 发动机活塞销。

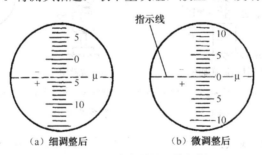

指示线

（a）细调整后　　　　　　（b）微调整后

图 1-53　立式光学计目镜视场

4．测量活塞销

按实验规定的部位（在三个横截面上两个相互垂直的径向位置上）进行测量，把测量结果填入表 1-10 中。

表 1-10　实验数据记录与处理结果

仪 器 名 称	分度值/μm	示值范围/mm	测量范围/mm	器具的不确定度/μm

被测零件名称	图样上给定的极限尺寸/mm		基本尺寸/mm	
	最 大	最 小		

测量位置示意图	

测 量 数 据	实际偏差/μm			实际尺寸/mm		
测 量 位 置	Ⅰ—Ⅰ	Ⅱ—Ⅱ	Ⅲ—Ⅲ	Ⅰ—Ⅰ	Ⅱ—Ⅱ	Ⅲ—Ⅲ
测量方向　A—A′						
B—B′						
A′—A						
B′—B						
结　论	理　由			审　阅		

五、实验数据与处理

实验数据与处理见表 1-10。

六、实验结论

根据测量结果，按被测活塞销的尺寸公差，做出相应结论。

七、思考题

（1）用立式光学计测量轴颈属于什么测量方法？绝对测量与相对测量各有何特点？

（2）什么是分度值、刻度间距？它们与放大比的关系如何？

（3）仪器工作台与测杆轴线不垂直，对测量结果有何影响？工作台与测杆轴线垂直度如何调节？

（4）仪器的测量范围和刻度尺的示值范围有何不同？

1.3　用内径指示表和内径千分尺测量孔径

一、实验目的

（1）掌握用内径指示表进行比较测量的原理。

（2）了解内径指示表的结构并熟悉其使用方法。

（3）初步掌握用外径千分尺、内径百分表、内径千分尺测量孔径的方法。

二、实验量仪说明

（1）内径百分表、内/外径千分尺、量块及其附件的使用方法分别见 1.1.5 节、1.1.6 节和 1.1.9 节。

（2）195 发动机气缸体 10 个，合格尺寸为 $\phi95^{+0.035}_{0}$ mm。

（3）内径百分表的分度值为 0.01mm，测量范围为 0～3mm、0～5mm 或 0～10mm。

三、实验步骤

1. 用内径百分表测量孔径

1）预调整

（1）将百分表装入量杆内，预压缩 1～2mm 左右（百分表的小指针指在 1 和 2 之间）后锁紧。

（2）根据被测零件的基本尺寸选择适当的可换测头装入量杆的头部，用专用手扳锁紧螺母。此时应特别注意的是，可换测量头与活动测量头之间的长度必须大于被测尺寸 0.8～1mm，测量杆长度一般根据零件的基本尺寸确定，以便测量时活动测量头能在基本尺寸的正、负一定范围内自由运动。

2）校对零位

因内径百分表是相对法测量的器具，故在使用前必须用其他量具根据被测件的基本尺寸校对内径百分表的零位，常用方法有以下三种。

（1）用量块和量块附件校对零位。按被测零件的基本尺寸组合量块，并装夹在量块的附件中，将内径百分表的两测头放在量块附件两量脚之间，摆动量杆使百分表读数最小，此时可转动百分表头的滚花环，将刻度盘的零刻线转到与百分表的长指针对齐。

这样的零位校对方法能保证校对零位的准确度及内径百分表的测量精度，但其操作比较麻烦，且对量块的使用环境要求较高。

（2）用标准环规校对零位。按被测件的基本尺寸，选择名义尺寸相同的标准环规，按标准环规的实际尺寸校对内径百分表的零位。此方法操作简便，并能保证校对零位的准确度。因校对零位需制造专用的标准环规，故此方法只适合检测生产批量较大的零件。

（3）用外径千分尺校对零位。按被测零件的基本尺寸选择适当测量范围的外径千分尺，将外径千分尺放在被测基本尺寸外，内径百分表的两测头放在外径千分尺两量砧之间校对零位。

因受外径千分尺精度的影响，用其校对零位的准确度和稳定性均不高，从而降低了内径百分表的测量精确度。但此方法易于操作和实现，在生产现场对精度要求不高的单件或小批量零件的检测时，仍得到较广泛的应用。

3）测量方法

（1）测量过程。手握内径百分表的绝热手柄，先将内径百分表的活动测头和定位护桥轻轻压入被测孔径中，然后再将固定测头放入。当测头达到指定的测量部位时，将表微微地在轴向截面内摆动，如图 1-54 所示，读出指示表最小读数，即为该测量点孔径的实际偏差。

测量时要特别注意该实际偏差的正、负符号。当表针按顺时针方向未达到零点的读数是正值，当表针按顺时针方向超过零点的读数是负值。

（2）测量位置。如图 1-55 所示，在孔轴向的三个截面及每个截面相互垂直的两个方向上，共测六个点，将数据记入表 1-11 内。

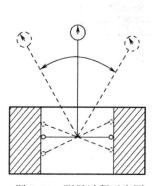

图 1-54 测量过程示意图

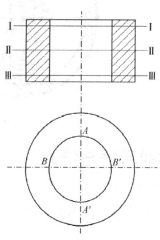

图 1-55 测量位置

表 1-11 实测孔径实验数据记录表

被测件名称			图　号	
送检单位			送检数量	
测量结果/mm				
测量部位		实际偏差值	基本尺寸、上下偏差、测量简图	
I - I	$A\text{-}A'$			
	$B\text{-}B'$			
II - II	$A\text{-}A'$			
	$B\text{-}B'$			
III - III	$A\text{-}A'$			
	$B\text{-}B'$			
测量器具			结　论	
测量日期	年 月 日		测量者	

2. 用内径千分尺测量孔径

（1）根据被测零件的基本尺寸，按内径千分尺接长杆连接顺序表选择相应的接长杆，并按顺序要求连接可靠。

（2）因内径千分尺没有定位装置，为保证能测到真正的实际孔径，要在径向的左右摆动中找到最大值，在轴向的前后摆动中找到最小值，然后从测微头上读出该测量点孔径的实际偏差，如图 1-56 所示。

（3）在孔轴向的三个截面及每个截面相互垂直的两个方向上，并测六个点，将数据记入表 1-11 内。

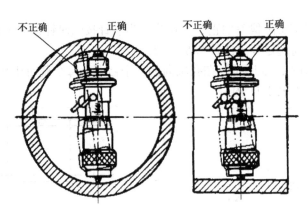

图 1-56　内径千分尺测量位置

四、实验数据与结论

考虑到测量误差的存在，为保证不误收废品，应先根据被测孔径的公差大小，查表得到相应的安全裕度 A，然后确定其验收极限，若全部实际尺寸都在验收极限范围内，则可判定此孔径合格，即

$$E_s - A \geqslant E_a \geqslant E_i + A$$

式中　E_s——零件的上偏差；

E_i——零件的下偏差；

E_a——局部实际尺寸；

A——安全裕度。

五、思考题

（1）为什么内径指示表调整示值零位和测量孔径时都要摆动量仪，找出指针所指示的最小示值？

（2）用内径百分表测量孔径属于何种测量方法？固定测头磨损对测量结果是否有影响？为什么？

（3）用内径百分表测量孔径与用内径千分尺相比较，从测量方法上看有何异同？

（4）试分析用内径指示表测量孔径引起测量误差的主要因素有哪些？

1.4　用光切显微镜测量轮廓最大高度

一、实验目的

（1）了解用比较检验法检测表面粗糙度轮廓的方法和原理。

（2）了解用光切法测量表面粗糙度轮廓最大高度 R_z 的原理和方法。

（3）加深对表面粗糙度评定参数轮廓最大高度 R_z 的理解。

（4）了解光切显微镜的结构并熟悉它的使用方法。

二、实验仪器说明

利用光切原理制成的表面粗糙度轮廓测量仪称为光切显微镜或双管显微镜，光切显微镜结构示意图如图 1-57 所示，光切显微镜主要由光源 1、立柱 2、横臂 5、底座 7、工作台 11、物镜组 12、测微鼓轮 15、测微目镜头 16 等组成，光切显微镜的实物结构如图 1-58 所示。

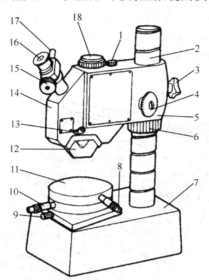

1—光源；2—立柱；3—锁紧螺钉；4—微调手轮；5—横臂；6—升降螺母；7—底座；8—工作台纵向移动千分尺；

9—工作台固定螺钉；10—工作台横向移动千分尺；11—工作台；12—物镜组；13—手柄；14—壳体；

15—测微鼓轮；16—测微目镜头；17—目镜紧固螺钉；18—照相机插座

图 1-57　光切显微镜结构示意图

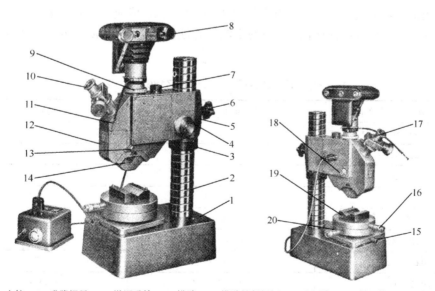

1—底座；2—立柱；3—升降螺母；4—微调手轮；5—横臂；6—横臂锁紧螺钉；7—照明灯；8—摄影装置；9—摄影装置插座；

10—目镜；11—相机摄影快线；12—光学系统封闭壳体；13—物镜定位手柄；14—物镜；15—工作台固定螺钉；

16—工作台纵向移动千分尺；17—测微目镜固定螺钉；18—摄影选择调整手轮；19—工作台上的 V 形块；20—工作台

图 1-58　光切显微镜实物图

三、实验原理

目前,常用的表面粗糙度测量方法主要有样板比较检验法、光切法、干涉法、触针法等。比较检验法是工厂里常用的方法,用眼睛或放大镜,对被测表面与粗糙度样板比较,或用手摸靠感觉来判断表面粗糙度的情况,这种方法不够准确,凭经验因素较大,只能对粗糙度参数值较大的情况,给出大概范围的判断。如图 1-59 所示为粗糙度比较样块,使用时所选用的样块与被测零件的形状(平面、圆柱面)和加工方法(车、铣、刨、磨)必须分别相同,并且样块的材料、表面色泽等应尽可能与被测零件一致。

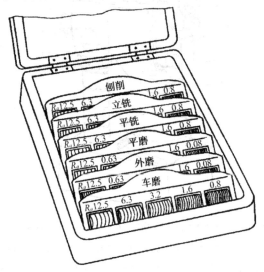

图 1-59　粗糙度比较样块

用表面粗糙度轮廓测量仪测量幅度参数算术平均偏差 R_a 值或最大高度 R_z 值时,被测表面应该先用粗糙度比较样块进行评估,这有助于测量时顺利调整量仪。R_a 值和 R_z 值的对照关系见表 1-12。

表 1-12　R_a 与 R_z 数值对照(摘自 GB/Z18620.4—2008)

轮廓的算数平均偏差 R_a/μm	轮廓的最大高度 R_z/μm	相当的表面光洁度
>40~80	—	▽1
>20~40	—	▽2
>10~20	>63~125	▽3
>5~10	>32~63	▽4
>2.5~5	>16(20)~32	▽5
>1.25~2.5	>8~16(32)	▽6
>0.63~1.25	>4~8	▽7
>0.32~0.63	>2(2.5)~4	▽8
>0.16~0.32	>1~2(>1.5~2.5)	▽9
>0.08~0.16	>0.5~1(1.5)	▽10
>0.04~0.08	>0.25~0.5	▽11
>0.02~0.04	—	▽12

轮廓的算数平均偏差 R_a/μm	轮廓的最大高度 R_z/μm	相当的表面光洁度
>0.01～0.02	—	▽13
>0.008～0.01	—	▽14

光切法是指利用光线切开被测表面的原理（光切原理）测量表面粗糙度轮廓的方法，它属于非接触测量的方法。在实验室中用光切显微镜或双管显微镜就可实现测量，它的测量准确度较高，适用于测量表面粗糙度轮廓最大高度 R_z 之值为 1.6～63μm 的平面和外圆柱面等规则表面，不适用于对测量粗糙度较高的表面及不规则表面的测量。

光切原理如图 1-60 所示，光切显微镜具有两个轴线相互垂直的光管，左光管为观察管，右光管为照明管。在照明管中，由光源 3 发出的光经过聚光镜 2，穿过狭缝 1 形成平行光束，该光束再经物镜 4，以与两光管轴线夹角平分线成 ε 入射角投射到被测表面上，把表面轮廓切成窄长的光带。由于被测表面上微观的粗糙度轮廓的起伏不平，因此光带的形状是弯曲的。该轮廓峰尖与谷底之间的高度为 h，而光切平面内光带的弯曲高度为 $S_1 S_2$，该光带以与两光管轴线夹角平分线成 45° 的反射角反射到观察管内，经观察管中的物镜 6 放大，成像在分划板 8 上，由目镜 7（也具有放大作用）观察放大了的光带影像，放大了的光带影像的弯曲高度为 $S_1' S_2'$。

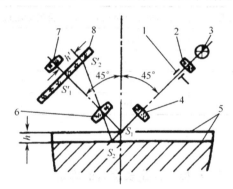

1—狭缝；2—聚光镜；3—光源；4、6—物镜；5—被测表面；7—目镜；8—分划板

图 1-60　光切原理图

由图 1-60 所示的几何关系可知，光带的弯曲高度 $S_1 S_2 = h/\cos 45°$，而在目镜中观察到的放大了的光带影像的弯曲高度 $S_1' S_2' = h'$，则

$$h' = K \cdot h/\cos 45° \tag{1-4}$$

式中　K——观察管的放大倍数。

光带影像的弯曲高度用测微目镜头测量。测微鼓轮结构简图结构如图 1-61（a）所示，下层的固定分划板 3 上的刻线尺刻有 9 条等距刻线，分别标着 0、1、2、3、4、5、6、7、8 共 9 个数字、上层的活动分划板上刻有一对双纹刻线 2 和互相垂直的十字线，前者的中心线通过后者的交点，且该中心线与后者的任意一条直线间成 45° 角。当转动测微鼓轮 1 利用螺杆移动分划板时，位移的大小从鼓轮上读出。当鼓轮旋转一转（100 格）时，双纹刻线和十字线交点便相对于固定分划板 3 上的刻线尺移动一个刻度间距。为了测量和计算的方便，活动分划板上的十字线与其移动方向成 45° 角，如图 1-61（b）所示。鼓轮转动的格数 H 与光带影像的弯曲高度 h' 之间的关系为

$$h' = H \cdot \cos 45° \tag{1-5}$$

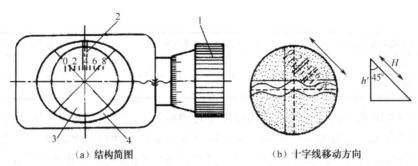

（a）结构简图   （b）十字线移动方向

1—测微鼓轮；2—双纹刻线；3—固定分划板；4—活动分划板

图 1-61   测微目镜头

由式（1-4）和式（1-5）得到被测表面轮廓的高度 V 与鼓轮读数格数 H 之间的关系为

$$h' = H \cdot \cos^2 45° H \cdot \cos^2 45° / K = H / 2K = i \cdot H \qquad (1\text{-}6)$$

其中，$i=1/2K$，是使用不同放大倍数的物镜时鼓轮的分度值。它由量仪说明书给定或从表 1-13 查出。实际应用时通常用量仪附带的标准刻线尺来校定。

表 1-13   物镜放大倍数与可测 R_z 值的关系

物镜放大倍数 K	总放大倍数	分度值 i/（μm/格）	目镜视场直径/mm	R_z 可测范围/μm
7×	60×	1.28	2.5	32～125
14×	120×	0.63	1.3	8～32
30×	260×	0.29	0.6	2～8
60×	520×	0.16	0.3	1～2

四、实验步骤

1. 实测零件标准取样长度 l_r 和标准评定长度 l_n 的确定

依据实测零件的表面粗糙度，对照粗糙度比较样块（如图 1-59 所示），确定被测表面粗糙度轮廓幅度参数 R_a 值的范围，然后根据 R_a 对照表 1-14，确定出实测零件标准取样长度 l_r 和标准评定长度 l_n。

表 1-14   测量 R_a 和 R_z 时的标准取样长度 l_r 和标准评定长度 l_n（摘自 GB/T 1031—2009）

R_a/μm	R_z/μm	l_r/mm	l_n（$l_n=5l_r$）/mm
≥0.008～0.02	≥0.025～0.10	0.08	0.4
>0.02～0.1	>0.10～0.50	0.25	1.25
>0.1～2.0	>0.50～10.0	0.8	4.0
>0～10.0	>10.0～50.0	2.5	12.5
>10.0～80.0	>50.0～320	8.0	40.0

2. 光切显微镜物镜放大倍数 K 和分度值 i 的确定

根据已确定的 R_a 的范围对照表 1-12，确定 R_z 的范围，对照表 1-13 确定出适当放大倍数的物镜和分度值 i，填入表 1-15，并将物镜安装在量仪上。

表 1-15　用光切显微镜测量表面粗糙度轮廓最大高度 R_z 实验数据记录表

测量记录与计算	取样长度		评定长度		物镜放大倍			分度值	
	取样长度内峰、谷值（格）		l_{r1}		l_{r2}		l_{r3}	l_{r4}	l_{r5}
			h_{p1}	h_{v1}	h_{p2}	h_{v2}	h_{p3} h_{v3}	h_{p4} h_{v4}	h_{p5} h_{v5}
	轮廓最大高度/μm		$R_{z1}=i\times(h_{p1}-h_{v1})=$						
			$R_{z2}=$						
			$R_{z3}=$						
			$R_{z4}=$						
			$R_{z5}=$						
测量结果（同一评定长度内）			R_z 最大实测值/μm				R_z 最小实测值/μm		
结　论									

3. 粗调焦

通过变压器接通电源，使光源照亮。把被测工件放置在工作台上。松开螺钉，旋转螺母，使横臂沿立柱下降（注意物镜头与被测表面之间必须留有微量的间隙），进行粗调焦，直至目镜视场中出现绿色光带为止。转动工作台，使光带与被测表面的加工痕迹垂直，然后锁紧螺钉固定。

4. 微调焦

从目镜头观察光带，旋转手轮进行微调焦，使目镜视场中央出现最窄且有一边缘较清晰的光带。

5. 测量十字线的调整

松开螺钉，转动目镜头，使视场中十字线中的水平线与光带总的方向平行，然后紧固螺钉，使目镜头位置固定。

6. 实测件的测量

转动目镜测微鼓轮，在取样长度 l_r 范围内使十字线中的水平线分别与所有轮廓峰高中的最大轮廓峰高（较清晰一边光带轮廓各峰中的最高点）和所有轮廓谷深中的最大轮廓谷深（轮廓各谷中的最低点）相切，如图 1-61（b）所示。从目镜测微鼓轮上分别测出轮廓上的最高点距离 h_p 和最低点距离 h_v，则表面粗糙度轮廓的最大高度 R_z 为

$$R_z = i \cdot (h_p - h_v) \qquad (1-7)$$

式中　i ——分度值（具体数值查表 1-13 可得）。

其中，h_p 和 h_v 的单位均为格数。

7. 按上述方法测出连续五段取样长度上的 h_p 和 h_v

由式（1-7）计算出 R_z 值，并将测得数据和计算结果记录在表 1-15 中。

五、实验数据和结论

按上述方法测出连续五段取样长度上的 R_z 值（见表 1-15），若这五个 R_z 值都在图样上所规定的允许值范围内，则判定为合格。若其中有一个 R_z 值超差，按"最大规则"评定，则判定为不合格。按"16% 规则"评定，则应再测量一段取样长度，若这一段的 R_z 值不超差，就判定

为合格，如果这一段的 R_z 值仍超差，就判定为不合格。

六、思考题

（1）用光切显微镜测量表面粗糙度轮廓时，为什么光带的上、下边缘不能同时达到最清晰的程度？为什么只测量光带一边的最高点（峰）和最低点（谷）？

（2）测量表面粗糙度轮廓还有哪些方法？其应用范围如何？

（3）用光切显微镜能否测量表面粗糙度轮廓的算术平均偏差 R_a 值？

1.5 用粗糙度仪测量表面粗糙度

一、实验目的

（1）了解粗糙度仪测量原理和粗糙度参数的含义。

（2）了解手持式粗糙度仪的结构并熟悉它的使用方法。

（3）加深对表面粗糙度轮廓幅度参数 R_a 的理解。

二、实验仪器设备说明

1. TR200 手持式粗糙度仪

TR200 手持式粗糙度仪主要用于测量表面粗糙度和不同形面的粗糙度。其结构简单小巧，传感器灵敏度高。由于该仪器采用了计算机进行信号处理技术，测量精度高，测量人员只需按动一个测量键即可进行测量，仪器自动显示测量结果，仪器各部分名称如图 1-62 所示。

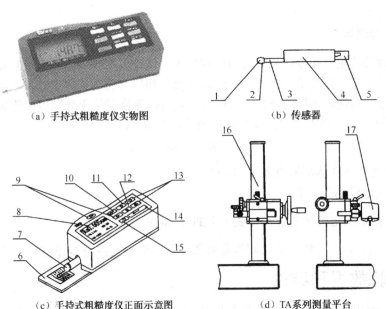

（a）手持式粗糙度仪实物图　　（b）传感器

（c）手持式粗糙度仪正面示意图　　（d）TA 系列测量平台

1—导头；2—触针；3—保护套管；4—主体；5—插座；6—标准样板；7—传感器；8—显示器；9—启动键；10—显示键；

11—退出键；12—菜单键；13—滚动键；14—回车键；15—电源键；16—测量平台；17—TR200 粗糙度仪

图 1-62　TR200 手持式粗糙度仪

2．测量平台

使用测量平台，可以方便地调整仪器与被测量件之间的位置，操作更灵活、平稳，使用范围更大，可测量复杂形状零件表面的粗糙度，建议当被测量表面 R_a 值较小时，使用测量平台。

三、实验原理

测量工件表面粗糙度时，将传感器放在工件被测表面上，由仪器内部的驱动机构带动传感器沿被测表面做等速滑行，传感器通过内置的锐利触针感受被测表面的粗糙度，此时工件被测表面的粗糙度引起触针产生位移，该位移使传感器电感线圈的电感量发生变化，从而在相敏整流器的输出端产生与被测表面粗糙度成比例的模拟信号，该信号经过放大及电平转换之后进入数据采集系统，DSP 芯片将采集的数据进行数字滤波和参数计算，测量结果在液晶显示器上读出，也可以在打印机上输出，还可以与 PC 进行通信。

TR200 粗糙度参数定义如下。

1．轮廓算术平均偏差 R_a（ISO）

在取样长度内轮廓偏距的算术平均值，如图 1-63 所示，用公式表示为

$$R_a = \frac{1}{n}\sum_{i=1}^{n}|z_i| \tag{1-8}$$

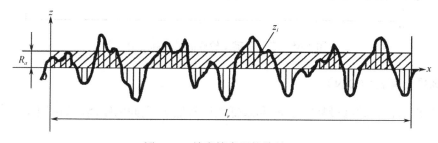

图 1-63　轮廓算术平均偏差 R_a

2．轮廓均方根偏差 R_q

在取样长度内轮廓偏距的均方根值，用公式表示为

$$R_q = \left(\frac{1}{n}\sum_{i=1}^{n}z_i^2\right)^{\frac{1}{2}} \tag{1-9}$$

3．微观不平度十点平均高度 R_z（JIS）

在取样长度内 5 个最大的轮廓峰高的平均值与 5 个最大的轮廓谷深的平均值之和，如图 1-64 所示，用公式表示为

$$R_z = \frac{\sum_{i=1}^{5}y_{pi} + \sum_{i-1}^{5}y_{vi}}{5} \tag{1-10}$$

4．轮廓最大高度 R_z（ISO）

在一个取样长度 l_r 内，被评定轮廓的最大轮廓峰高 $R_p = Z_{p\max} = Z_{p6}$ 与最大轮廓谷深 $R_v = Z_{v\max} =$

Z_{v2} 之和的高度，如图 1-65 所示，用公式表示为

$$R_z = R_p + R_v \qquad (1\text{-}11)$$

图 1-64　微观不平度十点高度 R_z

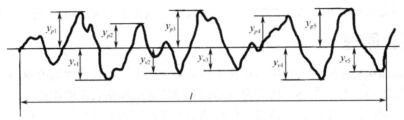

图 1-65　表面粗糙度轮廓的最大高度 R_z

5. 轮廓最大高 R_y（DIN）

在评定长度 l_n 内，轮廓最高峰顶 R_p 和最低轮廓谷底 R_v 之间的距离，如图 1-66 所示，用公式表示为

$$R_y = R_p + R_v \qquad (1\text{-}12)$$

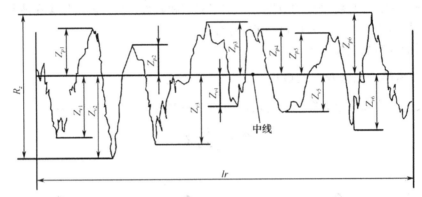

图 1-66　轮廓最大高度 R_y

6. 轮廓峰谷总高度 R_t

在评定长度内轮廓峰顶线和轮廓谷底线之间的距离。

7. 轮廓最大峰高 R_p

在取样长度内从轮廓峰顶线至中线的距离，如图 1-66 所示。

8. 轮廓最大谷深 R_v（R_m）

在取样长度内从轮廓谷底线至中线的距离，如图 1-66 所示。

9. 轮廓单元的平均宽度 RS_m（间距参数）

一个轮廓峰与相邻的轮廓谷的组合称为轮廓单元。在一个取样长度 l_r 范围内，中线与各个轮廓单元相交线段的长度称为轮廓单元的宽度，用符号 X_{si} 表示。

轮廓单元的平均宽度是指在一个取样长度 l_r 范围内所有轮廓单元的宽度 X_{si} 的平均值，用符号 RS_m 表示，如图 1-67 所示，用公式表示为

$$RS_m = \frac{1}{m} \sum_{i=1}^{m} X_{si} \tag{1-13}$$

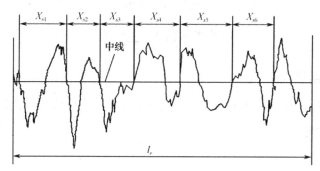

图 1-67　轮廓单元宽度与轮廓单元的平均宽度

10. 轮廓的单峰平均间距 R_S

在取样长度内轮廓的单峰间距的平均值，如图 1-68 所示，用公式表示为

$$R_S = \frac{1}{n} \sum_{i=1}^{m} S_i \tag{1-14}$$

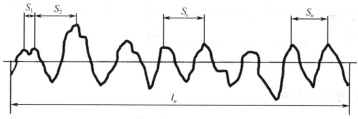

图 1-68　轮廓的单峰平均间距 R_S

11. 轮廓支撑长度率 Rm_r（c）

轮廓支撑长度率是指轮廓的实体材料长度 Ml（c）与评定长度的比率。轮廓的实体材料长度 Ml（c）指用平行于中线且和轮廓峰顶线相距为 c 的一条直线，相截轮廓峰所得的各段截线 Ml_i 之和，如图 1-69 所示，用公式表示为

$$Rm_r(c) = \frac{Ml(c)}{l_n} = \frac{1}{l_n} \sum_{i=1}^{n} Ml_i \tag{1-15}$$

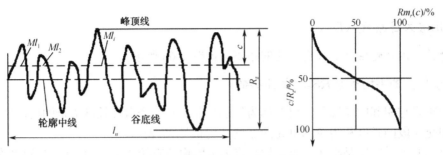

图 1-69　轮廓支撑长度率曲线

12. 轮廓的偏斜度 RSk

幅度分布不对称的量度，在取样长度内以 n 个轮廓偏距的平均值来确定，用公式表示为

$$\text{RSk} = \frac{1}{R_q^3} \times \frac{1}{n} \sum_{i=1}^{n} (y_i)^3 \qquad (1\text{-}16)$$

13. 第三峰谷高度平均值 R_{3z}

在评定长度内的每个取样长度上的第三个轮廓高与第三个轮廓谷深之和的平均值。

四、实验步骤

1. 安装传感器

将传感器插入仪器底部的传感器连接套中，然后轻推到底，如图 1-70 所示。

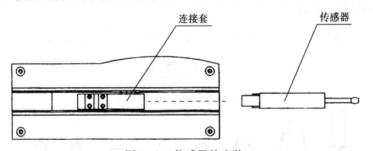

图 1-70　传感器的安装

2. 电源适配器及电池充电

当电池电压过低时，显示屏上的电池提示符为 ▭，显示电压过低并出现闪烁时应尽快充电。充电时，将保证仪器底部的电池开关是处于 ON 的位置。如图 1-71 所示，将电源适配器的电源插头插入仪器的电源插座中，然后将电源适配器接到 220V/50Hz 的电源上充电，最长充电时间为 2.5h。

3. 测量过程

擦净工件的被测表面，将仪器正确、平稳、可靠地放置在工件被测表面上，按电源键开机，进入测量状态，按菜单键进行测量条件设置，取样长度有自动、0.25mm、0.8mm、2.5mm 共 4 个可选，评定长度为 5 个取样长度，标准为 ISO，量程为自动，参数选为 R_a，测量方向如图 1-72 所示，按启动键开始测量，记录显示器上显示的测量结果。

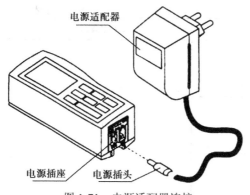
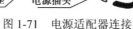

图 1-71 电源适配器连接

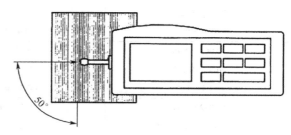

图 1-72 测量方向

五、实验数据与结论

根据图纸所给定的要求，判断零件是否合格。

六、思考题

（1）测量表面粗糙度还有哪些方法？其应用范围如何？
（2）试述表面粗糙度轮廓幅度参数 R_a 和 R_z 的含义。

七、附表

附表见表 1-16 至表 1-19。

表 1-16 粗糙度参数和显示范围

参 数	显 示 范 围
R_a、R_q	$0.005\sim16\mu m$
R_z、R_{3z}、R_y、R_t、R_p、R_m	$0.02\sim160\mu m$
RSk、$Rm_r(c)$	$0\sim100\%$
R_S、RS_m	1mm

表 1-17 取样长度与表面结构评定参数的对应关系

$R_a/\mu m$	$R_z/\mu m$	取样长度/mm
$>5\sim10$	$>20\sim40$	2.5
$>2.5\sim5$	$>10\sim20$	
$>1.25\sim2.5$	$>6.3\sim10$	0.8
$>0.63\sim1.25$	$>3.2\sim6.3$	
$>0.32\sim0.63$	$>1.6\sim3.2$	
$>0.25\sim0.32$	$>1.25\sim1.6$	0.25
$>0.20\sim0.25$	$>1.0\sim1.25$	
$>0.16\sim0.20$	$>0.8\sim1.0$	

续表

$R_a/\mu m$	$R_z/\mu m$	取样长度/mm
>0.125～0.16	>0.63～0.8	
>0.1～0.125	>0.5～0.63	
>0.08～0.1	>0.4～0.5	
>0.063～0.08	>0.32～0.4	
>0.05～0.063	>0.25～0.32	0.25
>0.04～0.05	>0.2～0.25	
>0.032～0.04	>0.16～0.2	
>0.025～0.032	>0.125～0.16	
>0.02～0.025	>0.1～0.125	

表 1-18　表面粗糙度评定参数 R_a、R_z、Rs_m、$Rm_r(c)$基本系列数值（摘自 GB/T1031—2009）

$R_a/\mu m$	基本系列	0.012，0.025，0.05，0.1，0.2，0.4，0.8，1.6，3.2，6.3，12.5，25，50，100
	补充系列	0.008，0.010，0.016，0.020，0.032，0.040，0.063，0.080，0.125，0.160，0.25，0.32，0.50，0.63，1.00，1.25，2.0，2.5，4.0，5.0，8.0，10，16，20，32，40，63，80
$R_z/\mu m$	基本系列	0.025，0.05，0.1，0.2，0.4，0.8，1.6，3.2，6.3，12.5，25，50，100，200，400，800，1600
	补充系列	0.032，0.040，0.063，0.080，0.125，0.160，0.25，0.32，0.50，0.63，1.00，1.25，2.0，2.5，4.0，5.0，8.0，10，16，20，32，40，63，80，125，160，250，320，500，630，1000，1250
RS_m/mm	基本系列	0.006，0.0125，0.025，0.05，0.1，0.2，0.4，0.8，1.6，3.2，6.3，12.5
$Rm_r(c)/\%$	基本系列	10，15，20，25，30，40，50，60，70，80，90

表 1-19　标准代号与名称对照表

代　　号	标 准 名 称
ISO　4287	国际标准
DIN　4768	德国标准
JIS　B601	日本工业标准
ANSI　B46.1	美国标准

1.6　直线度误差测量

一、实验目的

（1）了解直线度误差的测量方法与测量原理。
（2）掌握自准直仪的结构、光学和测微原理。
（3）了解并掌握自准直仪测量直线度的方法及数据处理。

二、直线度误差的检测方法和实验量仪说明

1. 指示器测量法

如图 1-73 所示，将被测零件安装在平行于平板的两顶尖之间。

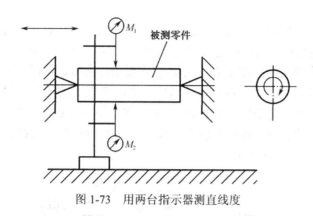

图 1-73　用两台指示器测直线度

2．刀口尺法

如图 1-74（a）所示，刀口尺法是用刀口形直尺和被测要素（直线或平面）接触，使刀口形直尺和被测要素之间的最大间隙为最小，此最大间隙即为被测的直线度误差。

3．钢丝法

如图 1-74（b）所示，钢丝法是用特别的钢丝作为测量基准，用测量显微镜读数，调整钢丝的位置，使测量显微镜两端读数相等，沿被测要素移动显微镜，显微镜中的最大读数即为被测要素的直线度误差值。

4．水平仪法

如图 1-74（c）所示，水平仪法是将水平仪放在被测表面上，沿被测要素按节距逐段连续测量。

5．自准直仪法

如图 1-74（d）所示。

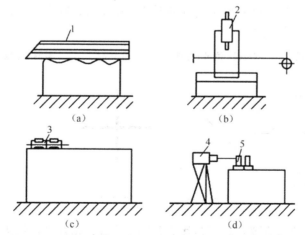

1—刀口形直尺；2—测量显微镜；3—水平仪；4—自准直仪；5—反射镜

图 1-74　直线度误差的检测

自准直仪又称自准直测微平行光管，简称平行光管，是一种高精度的测角仪器，由本体和平面反射镜两部分组成的测量仪器。它具有使用范围广、测量精度高、受温度影响小以及使用方便等优点。利用自准直仪的光轴模拟理想直线，将被测量直线与理想直线比较，将所得数据用作图法或计算法来求出直线度误差值，最适合测量机床导轨在水平面内或垂直面内的直线度误差。

自准直仪外形和光路系统如图 1-75 所示。它主要由反射镜、物镜、十字分划板、光源、角度分划板、目镜、读数鼓轮、直角棱镜组等组成。光源 7 发出的光线经聚光镜 6，照亮十字线分划板 8 后，经过中间有半透膜的立方棱镜 12 射向物镜组 9、10，经物镜组成平行光束，将十字分划板 8 的"十"字投射到平面反射镜 11 的镜面上，经反射后，成像在目镜 3 的视场中，自准直仪的测量原理，如图 1-76 所示。

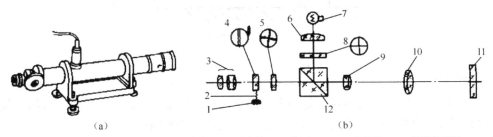

1—读数鼓轮；2—测微丝杆；3—目镜；4、5、8—分划板；6—聚光镜；7—光源；9、10—物镜组；11—平面反射镜；12—立方棱镜

图 1-75　自准直仪外形和光学系统图

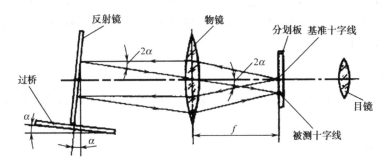

图 1-76　自准直仪的测量原理图

在目镜 3 视场中可以同时观察到可动分划板 4 的指示线、固定分划板 5 的刻线尺和反射回来的该"十"字的影像，如图 1-77 所示。

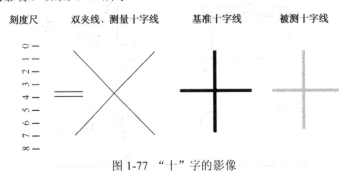

图 1-77　"十"字的影像

目镜看到的三个十字线含义：粗黑色线为基准十字线，粗浅黑色线为被测十字线，细黑双夹线为测量十字线，测量十字线随鼓轮转动而变化，被测十字线随反射镜位置的变化而变化，基准十字线在测量过程中不动。

测量时，本体安放在被测工件体外的固定位置，反射镜 11 则安放在桥板上，桥板放置在实际被测表面上。把整条实际被测直线按桥板跨距 L 的长度进行等距分段，然后按均匀布置的各个测点的位置，首尾衔接地逐段移动桥板，便能依次测出实际被测直线上各相邻两测点相对于主光轴的高度差。

当反射镜 11 的镜面与平行光束垂直时，平行光束就沿原光路返回，"十"字影像经立方棱镜 12 投射到目镜 3 的视场中，"十"字影像位于目镜视场的中央。当桥板两端分别接触的两个测点之间存在高度差 h，而使反射镜 11 的镜面与平行光束不垂直（反射镜倾斜一个角度 α）时，反射光轴与入射光轴（主光轴）之间成 2α 角，"十"字影像就不位于目镜 3 视场的中央，而相对于中央产生偏离量 Δ，如图 1-78 所示。

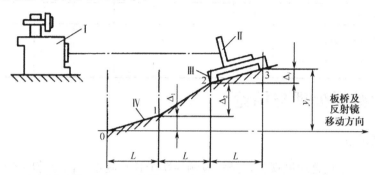

I—自准直仪本体；II—平面反射镜；III—桥板；IV—实际被测直线；L—桥板跨距；

0、1、2、…、i—测点序号；Δ_i—自准直仪示值；y_i—任意测点处的示值累计值

图 1-78   用自准直仪测量直线度误差

为了确定偏离量 Δ 的数值，转动读数鼓轮 1 使可动分划板 4 的指示线瞄准"十"字影像，该指示线沿固定分划板 5 的刻线尺移动一段距离，然后进行读数。鼓轮的圆周上刻有等分的 100 格刻度，鼓轮刻度的一格为固定分划板刻线尺一格的百分之一。自准直仪的分度值 τ 为 1 角秒，也用 0.005mm/m 或 0.005/1000 表示。读数鼓轮转过的格数 Δ_i、桥板跨距 L（mm）、与桥板两端分别接触的两个测点相对于主光轴的高度差 h_i（线性值）之间的关系为

$$h_i = \tau\Delta_i L = 0.005\Delta_i L(\mu m) \tag{1-17}$$

三、实验步骤

（1）沿工件被测直线的方向将自准直仪本体安放在工件体外。将实际被测直线等分成若干段，并选择相应跨距的桥板。在实际被测直线旁标出均匀布置的各个测点的位置。

将平面反射镜安放在桥板上，同时将该桥板放置在实际被测直线上。接通电源，使光线照准安放在桥板上的反射镜。

（2）调整自准直仪的位置，使反射镜位于实际被测直线两端时十字分划板的"十"字影像均能进入目镜视场。

测量导轨在水平面的直线度误差时，需转动目镜使主尺位于水平方向；测量导轨在垂直平面的直线度误差时，需转动目镜使主尺位于垂直方向。

测量时，首先将安放着反射镜的桥板移到靠近自准直仪本体的被测直线那一端（测点 0 和测点 1 上），调整自准直仪的位置，从目镜视场中观察到"十"字影像位于其中央，这相当于测点 0 和测点 1 相对于测量基准（主光轴）等高。然后，将本体的位置加以固定，读出并记录起始示值 Δ_i（格数）。

（3）按各测点的顺序和位置，逐段移动桥板，依次由起始测点顺测到终止测点，测量各相邻两测点间的高度差。观察目镜视场中的"十"字影像，转动鼓轮，读出并记录各测点的示值

Δ_i（格数）。必须注意，桥板每次移动时，应使桥板的支撑在前后位置上首尾衔接，并且反射镜不得相对于桥板产生位移，并把测得的结果记录在表1-20中。

表1-20   用自准直仪测量直线度误差时的测量数据记录和数据的处理

测点序号	0	1	2	3	4	5	6	7	8
测量位置/mm									
各测点示值Δ_i/格数	0								
$\Delta_i-\Delta_1$/格数	0								
各测点示值累计值（升落差逐段累加值，格数）$y_j=\sum_{i=2}^{j}(\Delta_i-\Delta_1)$，$j=2,3,\cdots$									

四、实验数据处理与结论

1. 实验数据记录

用自准直仪测量导轨直线度误差，是将被测导轨全长沿测量方向上等距各点的连线相对于光轴的角度变化反映为高度变化，具体方法是：将安置反射镜座的桥板沿被测轮廓线上各测点顺次移动，在仪器的读数机构中读出桥板两端高度差Δ_i，由测得的各测点示值Δ_i数据记录和处理见表1-20。

2. 直线度误差的评定方法

在给定平面内的直线度误差值应按最小包容区域评定，也允许按实际被测直线两端点连线法评定，处理同样的数据，按最小包容区域确定的误差值一定小于或等于两端点连线法确定的误差值。因此，按最小包容区域评定的误差值可以获得最佳的技术经济效益。

1）按最小包容区域法评定直线度误差

如图1-79所示，由两条平行直线包容实际被测直线（轮廓线）S时，若S上的测点中至少有高-低-高相间（或者低-高-低相间）三个极点分别与这两条平行直线接触，则这两条平行直线之间的区域U称为最小包容区域，该区域的宽度f_{MZ}即为符合定义的直线度误差值。这两条平行的包容直线中那条位于实际被测直线体外的包容直线是评定基准。

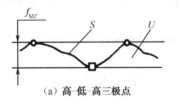

（a）高-低-高三极点   （b）低-高-低三极点

○—高极点；□—低极点

图1-79   直线度误差最小包容区域判别准则

以每个测量段端点的位置为横坐标，以每段的累积高度（即升落差逐段累加值）为纵坐标，画出各点。然后画出各点的折线线段，使每一折线线段的起点与前一折线线段的终点相重合，即为误差曲线。从误差曲线上确定高-低-高（或低-高-低）相间的三个极点，过两个高极点（或两个低极点）作一条直线，再过低极点（或高极点）作一平行于上述直线的直线，两条平行直线之间的区域即最小包容区域,该区域的宽度为直线度误差值,如图 1-80 所示($f_{MZ} = 10.8\mu m$)

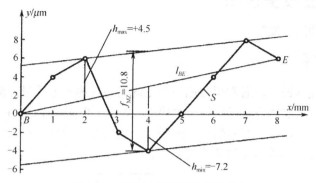

图 1-80　作图法求解直线度误差值

2）按两端点连线法评定直线度误差

以每个测量段端点的位置为横坐标,以每段的累积高度(即升落差逐段累加值)为纵坐标,画出各点。然后画出各点的折线线段,使每一折线线段的起点与前一折线线段的终点相重合,即为误差曲线。实际被测直线的始点与终点的连线 l_{BE},以它作为评定基准,取各测点相对于它的偏离值最大值与最小值之差为直线度误差。测点在它的上方取正值,测点在它的下方取负值,如图 1-80 所示,即

$$f_{BE} = h_{max} - h_{min} = 4.5 - (-7.2) = 11.7(\mu m)$$

3．数据处理与结论

用作图法求直线度误差,以每个测量段端点的位置为横坐标,以每段的累积高度(即升落差逐段累加值)为纵坐标画出各点,将各点顺序用折线相连,即可得到误差曲线。根据误差曲线,再按两端点连线法或最小包容区域法即可求出直线度误差值。再根据被测零件(导轨)直线度公差要求,若直线度误差在公差范围即为合格。

五、思考题

(1)按两端点连线法和按最小包容区域法评定直线度误差值各有何特点?

(2)直线度误差的测量方法有哪些?

1.7　用指示表和平板测量平面度、平行度和位置度误差

一、实验目的

(1)了解指示表的结构并熟悉使用它进行精密平板测量平面度误差和面对面的平行度误差、位置度误差的方法。

(2)掌握按最小包容区域和对角线平面评定平面度误差值的方法,并掌握按对角线平面和最小包容区域处理平面度误差测量数据的方法。

(3)掌握被测平面对基准平面的平行度误差值、位置度误差的评定方法和数据处理方法。

二、实验仪器设备说明

平板、带千分表的测量架等。

三、实验原理

测量被测表面的几何误差，通常用被测表面上均匀布置的一定数量的测点来代替整个实际表面。根据实验所用被测零件的几何公差标注特点，如图 1-81 所示，用指示表和精密平板对一个被测表面进行测量，获得若干测量数据。然后用一定的方法处理这些数据，求解该被测表面的平面度误差值、平行度误差值和位置度误差值。

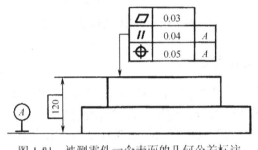

图 1-81　被测零件一个表面的几何公差标注

1. 平面度误差的测量原理和评定方法

1）平面度测量原理

用指示表测量，如图 1-82（a）所示；平晶测量，如图 1-82（b）所示；水平仪测量平面度，如图 1-82（c）所示；以及用自准直仪和反射镜测量平面度误差，如图 1-82（d）所示。

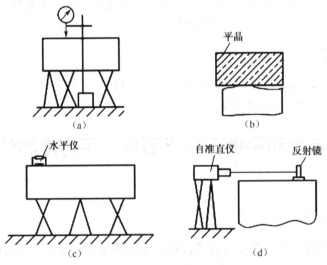

图 1-82　平面度误差的检测

本实验采用指示表和精密平板测量平面度误差，测量装置如图 1-83 所示。如果只测量平面度误差，则不需要使用量块组。测量时将被测量零件 2 底面放置在平板工作面上，或者在平板工作面上用一个固定支撑和两个可调节支撑来支撑被测量零件，以平板的工作面作为测量基准。

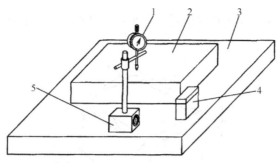

1—指示表；2—被测零件；3—精密平板；4—量块组；5—测量架

图 1-83　用指示表测量同一表面的平面度误差、平行度误差和位置度误差

2）平面度误差值的评定方法

（1）按最小包容区域评定。由两平行平面包容提取表面时，至少有三点或四点与两平行平面分别接触，且满足下列接触形式之一，即为最小区域，其宽度 f 即为该提取表面的平面度误差，如图 1-84 所示。

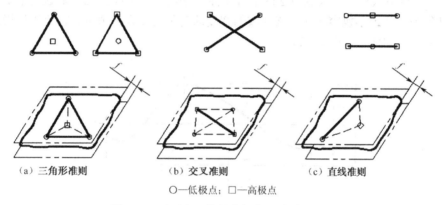

（a）三角形准则　　　　（b）交叉准则　　　　（c）直线准则

○—低极点；□—高极点

图 1-84　平面度误差最小包容区域判别准则

（2）按对角线平面评定。用通过实际被测表面的一条对角线且平行于另一条对角线的平面作为评定基准，以各测点对比此评定基准的偏离值中的最大偏离值与最小偏离值的代数差作为平面度误差值。测点在对角线平面上方时，偏离值为正值；测点在对角线平面下方时，偏离值为负值。

无论采用何种方法测量任何实际表面的平面度误差，按最小包容区域评定的误差值一定小于或等于按对角线平面法和其他方法评定的误差值，因此，按最小包容区域评定平面度误差值可以获得最佳的技术经济效益。

2．面对面平行度误差的评定

面对面平行度误差值用定向最小包容区域评定，如图 1-85 所示。用平行于基准面 A 的两个平行平面包容实际被测表面 S 时，若实际被测表面各测点中至少有一个高极点和一个低极点分别与这两个平行平面接触，这两个平行平面之间的区域 U 称为定向最小包容区域。该区域的宽度 f_U 即为平行度误差值。

3．面对面位置度误差评定

面对面位置度误差值用定位最小包容区域评定，如图 1-86 所示。评定面对面位置度误差，首先要确定理想平面（评定基准）P 的位置：它平行于基准平面 A 且距基准平面 A 的距离为图样标注的理论正确尺寸 l。

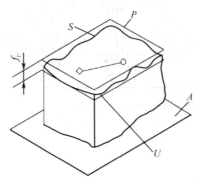

A—基准平面；P—与基准面平行的理想要素；S—被测实际要素；U—定向最小区域；○—高极点；□—低极点

图 1-85　平行度误差检测的基准和最小区域

由平行于基准平面 A 的两个平行平面相对于理想平面 P 对称地包容实际被测表面 S 时，实际被测表面各测点中只有一个极点与这两平行平面中任何一个平面接触，则这两个平行平面之间的区域 U 称为定位最小包容区域。该区域的宽度即为位置度误差值 f_U，它等于该极点至理想平面 P 的距离 h_{max} 的两倍，即 $f_U=2h_{max}$。

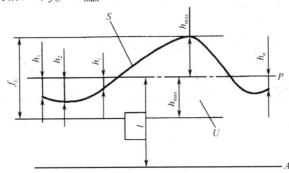

图 1-86　被测表面对基准平面的位置度误差定位最小包容区域的判断准则

四、实验步骤

1. 平面度误差测量

如图 1-83 所示，将被测零件 2 以其底面放在平板 3 的工作面上，用量块组 4 调整指示表 1 的示值零位，然后，将被测零件沿纵横方向均布画好网格，四周离边缘 10mm，其画线的交点为测量的 9 个点。同时记录各测点的示值读数，如图 1-87 所示，根据这些示值，经过数据处理，求解平面度误差。

2. 平行度误差测量

如图 1-83 所示，如果只测量平行度误差和平面度误差，则可以不需要使用量块组。以平板 3 的工作面为测量基准，同时它也是测量平行度误差所用的模拟基准平面。

测量时准备工作与测量平面度误差相同，然后用调好示值零位的指示表测量实际被测表面各测点对量块组尺寸的偏差，它们分别由指示表在各测点的示值读出，这些示值中最大示值与最小示值的代数差即为平行度误差。

3. 位置度误差测量

如图 1-83 所示，测量方法与平面度、平行度误差测量相同，但必须按照图样上标注的理论正确尺寸组合量块组 4，示值中绝对值最大的示值的两倍即为位置度误差值 f_U。

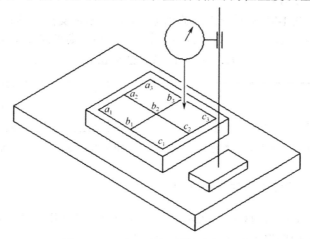

图 1-87　用指示表和平板测量平面度

五、实验数据处理

1. 平面度误差值的数据处理方法

1）按对角线平面法评定平面度误差值

指示表在 9 个点测得的数据如图 1-88 所示。

（1）将图 1-88 中的数据以 $a_1 - c_1$ 为旋转轴，旋转量为 P，旋转后数据如图 1-89 所示。

a_1	a_2	a_3
b_1	b_2	b_3
c_1	c_2	c_3

图 1-88　指示表在各测点的示值/μm

a_1	a_2+P	a_3+2P
b_1	b_2+P	b_3+2P
c_1	c_2+P	c_3+2P

图 1-89　各测点第一次旋转后的数据

（2）将图 1-89 中的数据以 $a_1 - a_3 + 2P$ 为旋转轴，旋转量为 Q，旋转后数据如图 1-90 所示。

a_1	a_2+P	a_3+2P
b_1	b_2+P+Q	b_3+2P+Q
c_1+2Q	c_2+P+2Q	$c_3+2P+2Q$

图 1-90　各测点第二次旋转后的数据

（3）按对角线上两个值相等，列出下列方程，求旋转量 P 和 Q，即

$$\begin{cases} a_1 = c_3 + 2P + 2Q \\ a_3 + 2P = c_1 + 2Q \end{cases}$$

把求出的 P 和 Q 代入图 1-90 中。按最大和最小读数值之差来确定被测表面的平面度误差值。

（4）示例：用千分指示表按图 1-87 所示的布线方式测得 9 点其读数如图 1-91 所示，用对

角线法确定平面度误差。

依据图 1-89 数据和对角线上两个值相等，得到下列方程：

$$\begin{cases} 0=4+2P+2Q \\ -16+2P=-10+2Q \end{cases}$$

解得：$P=0.5$，$Q=-2.5$。

将各点的旋转量与图 1-91 中对应点的值相加，即得经坐标变换后的各点坐标值，如图 1-92 所示，由图 1-92 可见 a_1 和 c_3 等高（0），c_1 和 a_3 等高（-15），则平面度误差值 f_{DL} 为

$$f_{DL}=+7.5-(-15)=22.5(\mu m)$$

0	-6	-16
-7	+3	-7
-10	+12	+4

图 1-91　实测各点数据

0	-5.5	-15
-9.5	+1	-8.5
-15	+7.5	0

图 1-92　变换后的各点数据

2）按最小包容区域评定平面度误差值

（1）三角形准则。如图 1-93（a）所示，三个低极点（-7）组成的三角形平面内，有一个高极点（+18），因此平面度误差值 $f_{MZ}=+18-(-7)=25$。

（2）交叉准则。如图 1-93（b）所示，两个高极点（0）和两个低极点（-8）满足交叉准则，因此平面度误差值 $f_{MZ}=0-(-8)=8$。

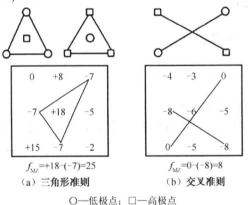

$f_{MZ}=+18-(-7)=25$　　　　$f_{MZ}=0-(-8)=8$

（a）三角形准则　　　　（b）交叉准则

○—低极点；□—高极点

图 1-93　平面度误差最小包容区域判别准则

2. 平行度误差测量数据的处理方法

由图 1-85 和图 1-91 确定高极点为 c_2（+12），低极点为 a_3（-16），求得平行度误差值 f_U 为

$$f_U=(+12)-(-16)=28(\mu m)=0.028(mm)$$

3. 位置度误差测量数据的处理方法

由图 1-86 和图 1-91 确定各测点中评定基准最远的一点为 a_3（-16），求得位置度误差值 f_U 为

$$f_U=2\times|-16|=32(\mu m)=0.032(mm)$$

六、实验结论

根据被测平面要求的几何误差判断实测结果及其合格性。

七、思考题

（1）常用的平面度误差的测量方法有哪些？

（2）平面度误差的评定方法有几种？

（3）试述面对面平行度误差的定向最小包容区域的判别准则。

（4）试述面对面位置度误差的定位最小包容区域的判别准则。

1.8　径向和轴向圆跳动测量

一、实验目的

（1）掌握轴向圆跳动和径向圆跳动的测量方法。

（2）加深对轴向圆跳动和径向圆跳动误差和公差概念的理解。

二、实验量仪说明

本实验需要的测量仪器：卧式齿轮径向跳动仪或偏摆仪、百分表或千分表、指示表表架。

盘形零件的径向和轴向圆跳动可以用卧式齿轮径向跳动测量仪（或偏摆仪）来测量，该量仪还可用于测量齿轮螺旋线总偏差和齿轮径向跳动。该量仪的结构如图 1-94 所示，它主要由底座 10、两个顶尖座 7、滑台 9 和立柱 1 等组成。测量盘形零件时，将被测零件 13 安装在心轴 4 上（被测零件的基准孔与心轴成无间隙配合），用该心轴轴线模拟体现被测零件的基准轴线。然后，把心轴安装在量仪的两个顶尖座 7 的顶尖 5 之间。滑台 9 可以在底座 10 的导轨上沿被测零件基准轴线的方向移动。立柱 1 上装有指示表表架 14。松开锁紧螺钉 16，旋转升降螺母 15，表架 14 可以沿立柱 1 上下移动和绕立柱 1 转动。松开锁紧螺钉 17，表架 14 可以带着指示表 2 绕垂直于铅垂平面的轴线转动。

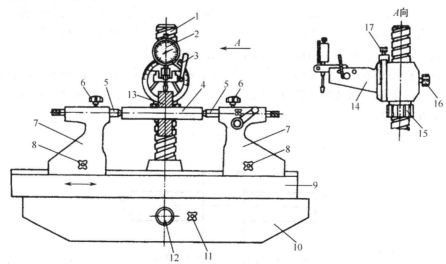

1—立柱；2—指示表；3—指示表测量扳手；4—心轴；5—顶尖；6—顶尖锁紧螺钉；7—顶尖座；8—顶尖座锁紧螺钉；9—滑台；

10—底座；11—滑台锁紧螺钉；12—滑台移动手轮；13—被测零件；14—指示表表架；15—升降螺母；

16—表架 14 在立柱 1 上固定用的锁紧螺钉；17—表架 14 本身的锁紧螺钉

图 1-94　卧式齿轮径向跳动测量仪

三、实验原理

调整卧式齿轮径向跳动仪或偏摆仪两端顶尖同轴，以两顶尖的轴线模拟公共基准，被测工件对顶尖无轴向移动且转动自如，采用跳动原则，看指示表读数，确定跳动量。

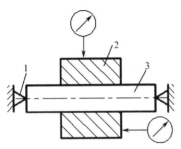

1—顶尖；2—被测零件；3—心轴

图 1-95　径向和轴向圆跳动测量方法

如图 1-95 所示为径向和轴向圆跳动的测量示意图。被测零件 2 以基准孔安装在心轴 3 上（被测零件与心轴成无间隙配合），再将心轴 3 安装在同轴线的两个顶尖 1 之间，对于带中心孔的轴类零件直接安装在同轴线的两个顶尖 1 之间。这两个顶尖的公共轴线体现基准轴线，它也是测量基准。

实际被测圆柱面绕基准轴线回转一周过程中，位置固定的指示表的测头与被测圆柱面接触进行径向移动，指示表最大示值与最小示值之差即为径向圆跳动的数值。

实际被测端面绕基准轴线回转一周过程中，位置固定的指示表的测头与被测端面接触进行轴向移动，指示表最大示值与最小示值之差即为轴向圆跳动的数值。

四、实验步骤

1. 径向圆跳动测量

（1）准备要求。在量仪上安装工件并调整指示表的测头与工件的相对位置，把被测零件 13 安装在心轴 4 上（被测零件基准孔与心轴成无间隙配合）。然后，把心轴 4 安装在量仪的两个顶尖座 7 的顶尖 5 之间，使心轴无轴向窜动，且能转动自如。

（2）调整指示表的测头与工件的相对位置。松开螺钉 11，转动手轮 12，使滑台 9 移动，以便使指示表 2 的测头大约位于被测零件宽度中间。然后将螺钉 11 锁紧，使滑台 9 的位置固定。

（3）调整量仪的指示表示值零位。放下扳手 3，松开螺钉 16，转动螺母 15，使表架 14 沿立柱 1 下降到指示表 2 的测头与被测零件被测圆柱面接触，指针指示不得超过指示表量程的 1/3，测头与轴线垂直，然后旋转螺钉 16，使表架 14 的位置固定。转动指示表 2 的表盘（分度盘），把表盘的零刻线对准指示表的长指针，确定指示表的示值零位。

（4）测量。把被测零件缓慢转动一周，读取指示表 2 的最大示值与最小示值，它们的差值即为单个测量截面上的径向圆跳动数值，如图 1-96 所示。按上述方法在 3 个正截面上测量，将所测数据记录在表 1-21 中。

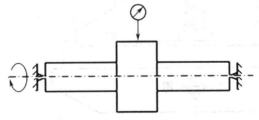

图 1-96　径向圆跳动误差的检测

表 1-21　在同一被测圆柱面的几个横截面内测量径向圆跳动

被测横截面	指示表最大示值/μm	指示表最小示值/μm	径向圆跳动的数值/μm
1			
2			
3			

2．轴向圆跳动测量

1）调整指示表的测头与被测零件的相对位置

松开螺钉 17，转动表架 14，使指示表 2 测杆的轴线平行于心轴 4 的轴线。然后，将螺钉 17 锁紧。松开螺钉 16，转动螺母 15，使表架 14 沿立柱 1 下降到指示表 2 的测头位于被测零件被测端面范围内的位置。再将螺钉 16 锁紧，使表架 14 的位置固定。

2）调整量仪的指示表示值零位

松开螺钉 11，转动手轮 12，使滑台 9 移动到被测零件被测端面与指示表 2 的测头接触，注意指示表指针指示不得超过指示表量程的 1/3，然后旋紧螺钉 11，使滑台 9 的位置固定。转动指示表 2 的表盘，把表盘的零刻线对准指示表的长指针，确定指示表的示值零位。

3）测量

把被测零件缓慢转动一周，读取指示表 2 的最大示值与最小示值，它们的差值即为单个测量圆柱面上的轴向圆跳动数值。按上述方法，在 3 个不同半径处测量端面，如图 1-97 所示，将所测数据记录在表 1-22。

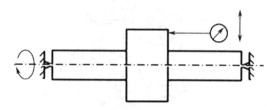

图 1-97　端面圆跳动误差的检测

表 1-22　在同一被测圆端面的不同直径处测量轴向圆跳动

被测圆周位置	指示表最大示值/μm	指示表最小示值/μm	轴间圆跳动的数值/μm
1			
2			
3			

五、实验数据和结论

按表 1-21 所记录的数据，取各截面上测得的跳动量中的最大值作为该零件的径向圆跳动。根据被测零件的圆柱面的径向圆跳动公差要求，若实测结果在公差范围内，则合格，否则为不合格。

按表 1-22 所记录的数据，取各测量圆柱面上测得的跳动量中的最大值作为该零件的轴向圆跳动。根据被测零件端面的轴向圆跳动公差要求，若实测结果在公差范围内，则为合格，否则为不合格。

六、思考题

（1）心轴插入被测零件基准孔中起什么作用？

（2）可否把安装着被测零件的心轴安放在两个等高 V 形支撑座上测量圆跳动？

（3）径向圆跳动测量能否代替同轴度误差测量？能否代替圆度误差测量？

（4）轴向圆跳动能否完整反映出被测端面对基准轴线的垂直度误差？

1.9　在大型工具显微镜上用影像法测量外螺纹

一、实验目的

（1）了解工具显微镜的结构和工作原理。

（2）熟悉用人型工具显微镜测量外螺纹主要几何参数的方法。

（3）掌握螺纹测量数据的处理方法，加深对螺纹作用中径概念的理解。

二、实验量仪说明

大型工具显微镜的结构如图 1-98 所示，它主要由底座，立柱，工作台，纵向、横向千分尺，光学投影系统和显微镜系统组成。

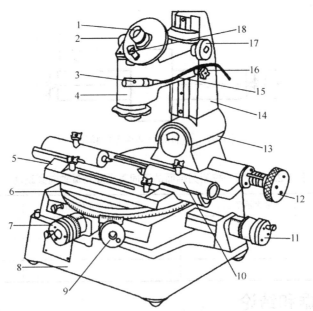

1—日镜；2—米字线旋转手轮；3—角度读数目镜光源；4—显微镜筒；5—顶尖座；6—圆工作台；7—横向千分尺；8—底座；

9—圆工作台转动手轮；10—顶尖；11—纵向千分尺；12—立柱倾斜手轮；13—连接座；14—立柱；15—支臂；

16—紧固螺钉；17—升降手轮；18—角度示值目镜

图 1-98　大型工具显微镜

大型工具显微镜的光学系统如图 1-99 所示，由光源 1 发出的光束经光阑 2、滤光片 3、反射角 4、聚光镜 5 成为平行光束，透过玻璃工作台 6 后，对被测工件进行投影。被测工件的投影轮廓经物镜组 7、反射棱镜 8 放大成像于目镜 10 焦平面处的目镜分划板 9 上。通过目镜 10 观察到放大的轮廓影像，在角度示值目镜 11 中读取角度值。此外，可用反射光源照亮被测工件的表面，同样可以通过目镜 10 观察到被测工件轮廓的放大影像。

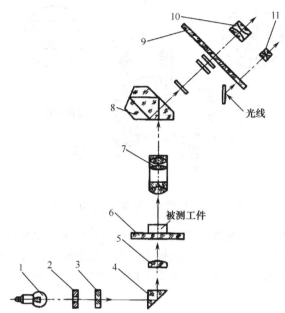

1—光源；2—光阑；3—滤光片；4—反射角；5—聚光镜；6—玻璃工作台；7—物镜组；8—反射棱镜；

9—目镜分划板；10—目镜；11—角度示值目镜

图 1-99　大型工具显微镜的光学系统图

大型工具显微镜目镜外形结构如图 1-100（a）所示，它由玻璃分划板、中央目镜、角度读数目镜、反射镜和手轮等组成。目镜的结构原理如图 1-100（b）所示，从中央目镜可观察到被测工件的轮廓影像和分划板的米字刻线，如图 1-100（c）所示；从角度读数目镜中可以观察到分划板上 0°～360° 的度值刻线和固定游标分划板上 0°～60° 的分值刻线，如图 1-100（d）所示。转动手轮，可使刻有米字刻线和度值刻线的分划板转动，它转过的角度，可从角度读数目镜中读出。当该目镜中固定游标的零刻线与度值刻线的零位对准时，则米字刻线中间虚线 A-A 正好垂直于仪器工作台的纵向移动方向。

三、测量原理

工具显微镜有直角坐标测量系统、光学系统和瞄准装置、角度测量装置。直角坐标测量系统由纵、横向标准量和可移动的工作台构成。被测量工件的轮廓用光学系统投影放大成像后，由瞄准装置瞄准被测轮廓的某一几何要素，从标准量细分装置上读出纵、横两个方向的坐标值，然后移动工作台及安装在其上的被测工件，瞄准被测轮廓的另一几何要素并读出其坐标值，则被测轮廓上这两个要素之间的距离即可确定。被测轮廓上某两要素间的角度的数值由瞄准装置和角度测量装置读出。

工具显微镜用于测量线性及角度，可测量螺纹、样板和孔轴等，按精度和测量范围不同，工具显微镜分为小型、大型、万能工具显微镜。在工具显微镜上使用的的测量方法有影像法、轴切法、干涉法等。

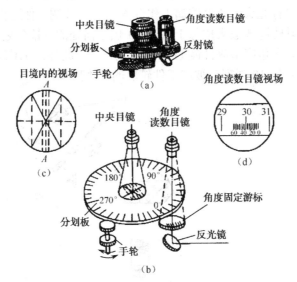

图 1-100　大型工具显微镜的目镜结构

影像法测量螺纹是指由照明系统射出的平行光束对被测量螺纹进行投影，由物镜将螺纹投影轮廓放大成像在镜的视场中，用目镜分划板上的米字线瞄准螺纹牙廓的影像，利用工作台的纵向、横向千分尺和角度示值目镜读数，来实现螺纹中径、螺距和牙测角的测量。

四、实验步骤

实验步骤参照图 1-98。

1. 接通电源，调节视场及焦距

通过变压器接通电源后，转动目镜 1 上的视场调节环，使视场中的米字线清晰。把调焦棒（如图 1-101 所示）安装在两个顶尖 10 之间，把它顶紧但可微转动。移动工作台，使调焦棒中间小孔内的刀刃成像在目镜 1 的视场中。松开锁紧螺钉 16，之后用升降手轮 17 使支臂 15 缓慢升降，直至调焦棒内的刀刃清晰地成像在目镜 1 中。然后取下调焦棒，将被测螺纹工件安装在两个顶尖 10 之间。

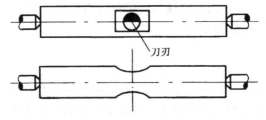

刀刃

图 1-101　用调焦棒对焦示意图

2. 选取光阑孔径，调整光阑大小

根据被测螺纹的中径，选取适当光阑孔径，调整光阑大小，光阑孔径见表 1-23。

表 1-23　光阑孔径（牙型角 α=60°）

螺纹中径 d_2/mm	10	12	14	16	18	20	25	30	40
光阑孔径/mm	11.9	11	10.4	10	9.5	9.3	8.6	8.1	7.4

3. 立柱倾斜方向、角度的调整

用立柱倾斜手轮 12 把立柱按螺纹开角倾斜，使牙廓两侧的影像清晰可见。螺纹升角 φ 由表 1-24 查取或按公式计算得出：

$$\varphi = \arctan\frac{nP}{\pi d_2} \tag{1-18}$$

式中　n——螺纹线数；

$\quad\quad$ P——螺距理论值（mm）；

$\quad\quad$ d_2——中径基本尺寸（mm）。

倾斜方向视螺纹旋向（右旋或左旋）确定。

表 1-24　立柱倾斜角 φ（牙型角 $\alpha = 60°$）

螺纹外径/mm	10	12	14	16	18	20	22	24	27	30	36	42
螺距 P/mm	1.5	1.75	2	2	2.5	2.5	2.5	3	3	3.5	4	4.5
立柱倾斜角	3°01′	2°56′	2°52′	2°29′	2°47′	2°27′	2°13′	2°27′	2°10′	2°17′	2°10′	2°07′

4. 测量瞄准方法

测量时采用压线法和对线法瞄准，如图 1-102 所示，压线法是把目镜分划板上的米字线的中虚线 A-A 转到与牙廓影像的牙侧方向一致，并使中虚线 A-A 的一半压在牙廓影像之内，另一半位于牙廓影像之外，它用于测量长度；对线法是使米字线的中虚线 A-A 与牙廓影像的牙侧间有一条宽度均匀的细缝，它用于测量角度。

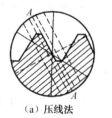

（a）压线法　　　（b）对线法

图 1-102　瞄准方法

5. 螺纹中径 $d_{2\,\text{实际}}$ 的测量

测量中径是沿螺纹轴线的垂直方向测量螺纹两个相对牙廓侧面间的距离。该距离用压线法测量：转动纵向千分尺 11 和横向千分尺 7，移动工作台 6，使被测牙廓影像出现在视场中。再转动手轮 2，使目镜分划板上的米字线的中虚线 A-A 瞄准牙廓影像的一个侧面，如图 1-103 所示，记下横向千分尺 7 的第一次示值。然后把立柱 14 反转一个螺纹升角 φ，转动横向千分尺 7，移动工作台 6 及安装在其上的螺纹工件，把中虚线 A-A 瞄准轴线另一侧的同向牙廓侧面，记下横向千分尺的第二次示值。以这两次示值之差作为中径的实际尺寸。

为了消除被测螺纹轴线与量仪测量轴线不重合所引起的安装误差的影响，应在牙廓左、右

侧面分别测出 $d_{2左}$ 和 $d_{2右}$，取两者的平均值作为中径的实际尺寸 $d_{2实际}$，即 $d_{2实际}=d_{2左}+d_{2右}/2$

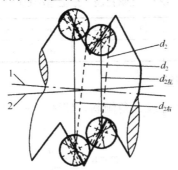

1—螺纹轴线；2—测量轴线；d_2—垂直于螺纹轴线的中径

图 1-103   压线法测量中径

6. 螺距 $P_{实际}$ 和螺距累积误差 ΔP_Z 的测量

螺距是指相邻两同侧牙廓侧面在中径线上的轴向距离。该距离用压线法测量：转动手轮 2，使目镜分划板上的米字线的中虚线 A-A 瞄准牙廓影像的一个侧面，如图 1-104 所示，记下纵向千分尺 11 的第一次示值。然后转动纵向千分尺 11，移动工作台 6 及安装在其上的螺纹工件，再把中虚线 A-A 瞄准相邻牙廓影像的同向侧面，记下纵向千分尺的第二次示值。这两次示值之差即为螺距的实际值。

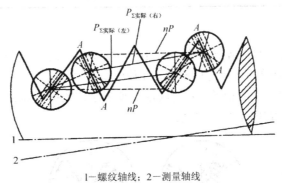

1—螺纹轴线；2—测量轴线

图 1-104   压线法测量螺距

同样，为了消除螺纹工件安装误差的影响，应在牙廓左、右侧面分别测出 $P_{左}$ 和 $P_{右}$，取两者的平均值作为螺距的实际值，即 $P_{实际}=P_{左}+P_{右}/2$。

依次测量出螺纹的每一个螺距偏差：$\Delta P=P_{实际}-P$，并将它们依次累加（代数和），则累积值中最大值与最小值的代数差的绝对值即为螺距累积误差 ΔP_Σ。实际上，可用在螺纹全长范围内或在螺纹旋合长度范围内，n 个螺距之间的实际距离 $P_{\Sigma实际}$ 与其基本距离 nP 之差的绝对值作为螺距累积误差 ΔP_Σ，即

$$\Delta P_\Sigma = | P_{实际} - nP | \tag{1-19}$$

7. 左牙侧角 α_1 和右牙侧角 α_2 的测量

牙侧角是指在螺纹牙型上，牙侧与螺纹轴线的垂线间的夹角。牙侧角用对线法测量：当角度示值目镜 18 中显示的示值为 0° 0′时，则表示目镜分划板上的米字线的中虚线 A-A 垂直于工作台纵向轴线。把中虚线 A-A 瞄准牙廓影像的一个侧面，如图 1-105 所示，此时目镜中的示值

即为该侧的牙侧角实际值（侧角读数方法如图 1-105 所示）。

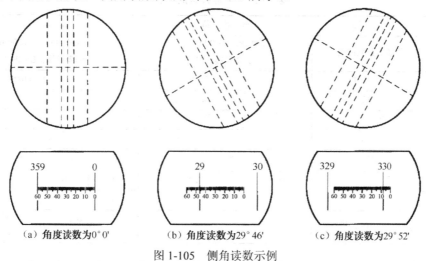

（a）角度读数为 0°0'　　　　（b）角度读数为 29°46'　　　　（c）角度读数为 29°52'

图 1-105　侧角读数示例

为了消除螺纹工件安装误差的影响，应在图 1-106 所示的 4 个位置测量出 α'_1、α'_2、α''_1、α''_2 的值，并按下式计算左牙侧角 α_1 和右牙侧角 α_2：

$$\alpha_1 = \alpha'_1 + \alpha'_1/2 \tag{1-20}$$

$$\alpha_2 = \alpha'_2 + \alpha'_2/2 \tag{1-21}$$

将 α_1、α_2 分别与牙侧角基本值 $\alpha/2$ 比较，则求得左、右牙侧角偏差为

$$\Delta\alpha_1 = \alpha_1 - \alpha/2, \quad \Delta\alpha_2 = \alpha_2 - \alpha/2$$

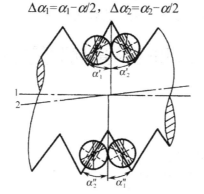

图 1-106　对线法测量牙侧角

8．被测螺纹的合格性的判断

对于普通螺纹，保证螺纹互换性的条件是：实际螺纹的作用中径不允许超出最大实体牙型的中径，并且实际螺纹上的任何部位的单一中径不允许超出最小实体牙型的中径。本节为测量普通外螺纹，因按 $d_{2m} \leqslant d_{2max}$ 且 $d_{2s} \geqslant d_{2min}$ 判断其合格性，式中 d_{2m} 和 d_{2s} 分别为实际螺纹的作用中径和单一中径，d_{2max} 和 d_{2min} 分别为被测螺纹中径的最大和最小极限尺寸。

对于特定的螺纹（如螺纹量规的螺纹），应按图样上给定的各项极限偏差（或公差）及（或）GB2516-81，分别判断所测出的对应各项实际偏差或误差的合格性。

五、实验数据与结论

按图样给定的技术要求，判断被测螺纹塞规的适用性。实验数据与结论见表 1-25。

表 1-25　实验数据记录表

仪　器	名　称		分　度　值		测　量　范　围
	万能工具显微镜		工作台：0.0005mm		工作台：0~100mm
			测角目镜：1′		测角目镜：0~360°
被测螺纹塞规参数	基本尺寸	公差	中径公差		$T_{d2} = 0.011$mm
	M12		螺距公差		
	牙型角		牙型半角公差		
	$\alpha = 60°$		大径公差		
测量记录	中径		螺距		牙型半角（$\alpha/2$）
	$d_{2左}$	$d_{2右}$	$2P_左$	$2P_右$	I　　II　　III　　IV
测量结果	$d_{2实际} = \dfrac{d_{2左} + d_{2右}}{2}$		ΔP		$\Delta\left(\dfrac{\alpha}{2}\right)_右 =$　　$\Delta\left(\dfrac{\alpha}{2}\right)_左 =$
合格性结论	螺纹塞规是否适用于检验 M12-6H 的内螺纹				
理　由					
审　阅					

六、思考题

（1）用影像法测量螺纹时，立柱为什么要倾斜一个螺纹升角 φ？

（2）用工具显微镜测量外螺纹的参数时，为什么测量结果要取平均值？

1.10　用螺纹千分尺和螺纹量规测量螺纹

一、实验目的

（1）熟悉螺纹千分尺的使用方法。

（2）学会用螺纹千分尺测量外螺纹中径。

二、实验仪器设备说明

螺纹千分尺是用来测量外螺纹中径的，适于工序间的检验或低精度的外螺纹零件的检验。其构造与外径千分尺相似，如图 1-107 所示，只是其测头有区别，螺纹千分尺的测杆上安装了用于不同螺纹牙型和不同螺距的成对配套的测头。

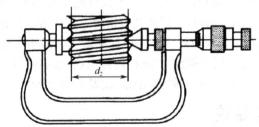

图 1-107　螺纹千分尺的结构

三、实验原理

螺纹千分尺测头的形状和螺纹的基本牙型相吻合，一端为 V 形测头，测量时与螺纹凸起部分相吻合，另一端为圆锥形测头，测量时与对径位置的螺纹沟槽部分相吻合，测头可以根据需要来更换，每把螺纹千分尺配有几对测头，用来测量一定螺距范围的螺纹，使用时，根据螺距的大小，按量具盒内的附表成对选用。螺纹千分尺有 0～25mm 直至 325～350mm 等数种规格。

四、实验步骤

（1）根据被测螺纹的公称直径，螺距及公差带代号按 GBl79—81 查出中径的上、下偏差（见表 1-26 至表 1-28）并计算中径的基本尺寸和极限尺寸。

表 1-26　普通螺纹的基本尺寸（摘自 GB196—2003）/mm

大径 D、d			螺距	中径	小径	大径 D、d			螺距	中径	小径
第一系列	第二系列	第三系列	P	D_2, d_2	D_1, d_1	第一系列	第二系列	第三系列	P	D_2, d_2	D_1, d_1
6			**1**	5.350	4.917		16		**2**	14.701	13.835
			0.75	5.513	5.188				1.5	15.026	14.376
		7	**1**	6.350	5.917				1	15.350	14.917
			0.75	6.513	6.188			17	1.5	16.026	15.376
8			**1.25**	7.188	6.647				1	16.350	15.917
			1	7.350	6.917		18		**2.5**	16.376	15.294
			0.75	7.513	7.188				2	16.701	15.835
		9	**1.25**	8.188	7.647				1.5	17.026	16.376
			1	8.350	7.917				1	17.350	16.917
			0.75	8.513	8.188	20			**2.5**	18.376	17.294
10			**1.5**	9.026	8.376				2	18.701	17.335
			1.25	9.188	8.647				1.5	19.026	18.376
			1	9.350	8.917				1	19.350	18.917
			0.75	9.513	9.188		22		**2.5**	20.376	19.294
		11	**1.5**	10.026	9.376				2	20.701	19.835
			1	10.350	9.917				1.5	21.026	20.376
			0.75	10.513	10.188				1	21.350	20.917
12			**1.75**	10.853	10.106	24			**3**	22.051	20.752
			1.5	11.026	10.376				2	22.701	21.835
			1.25	11.188	10.647				1.5	23.026	22.376
			1	11.350	10.917				1	23.350	22.917
	14		**2**	12.701	11.835		25		**2**	23.701	22.835
			1.5	13.026	12.375				1.5	24.026	23.376
			1.25	13.188	12.647				1	24.350	23.917
			1	13.350	12.917						
		15	**1.5**	14.026	13.376			26	1.5	25.026	24.376
			1	14.350	13.917						

注：1. 直径优先选用第一系列，其次是用第二系列，第三系列尽可能不用。

　　2. 括号内的螺距尽可能不用。用黑体字表示的螺距为粗牙。

表 1-27 普通螺纹基本偏差和顶径公差（摘自 GB197—2003）/μm

螺距 P/mm	内螺纹基本偏差 EI		外螺纹基本偏差 es				内螺纹小径公差 T_{D1} 公差等级					外螺纹大径公差 T_d 公差等级		
	G	H	E	f	g	h	4	5	6	7	8	4	6	8
1	+26		−60	−40	−26		150	190	236	300	375	112	180	280
1.25	+28		−63	−42	−28		170	212	265	335	425	132	212	335
1.5	+32		−67	−45	−32		190	236	300	375	475	150	236	375
1.75	+34		−71	−48	−34		212	265	335	425	530	170	265	425
2	+38	0	−71	−52	−38	0	236	300	375	475	600	180	280	450
2.5	+42		−80	−58	−42		280	355	450	560	710	212	335	530
3	+48		−85	−63	−48		315	400	500	630	800	236	375	600
3.5	+53		−90	−70	−53		355	450	560	710	900	265	425	670
4	+60		−95	−75	−60		375	475	600	750	950	300	475	750

表 1-28 普通螺纹中径公差（摘自 GB197—2003）/μm

公称大径 D、d/mm	螺距 P/mm	内螺纹中径公差 T_{D2}					外螺纹中径公差 T_{d_2}						
		4	5	6	7	8	3	4	5	6	7	8	9
>5.6~11.2	0.75	85	106	132	170	—	50	63	80	100	125	—	—
	1	95	118	150	190	236	56	71	90	112	140	180	224
	1.25	100	125	160	200	250	60	75	95	118	150	190	236
	1.5	112	140	180	224	280	67	85	106	132	170	212	295
>11.2~22.4	1	100	125	160	200	250	60	75	95	118	150	190	236
	1.25	112	140	180	224	280	67	85	106	132	170	212	265
	1.5	118	150	190	236	300	71	90	112	140	180	224	280
	1.75	125	160	200	250	315	75	95	118	150	190	236	300
	2	132	170	212	265	335	80	100	125	160	200	250	315
	2.5	140	180	224	280	355	85	106	132	170	212	265	335
>22.4~45	1	106	132	170	212	—	63	80	100	125	160	200	250
	1.5	125	160	200	250	315	75	95	118	150	190	236	300
	2	140	180	224	280	355	85	106	132	170	212	265	335
	3	170	212	265	335	425	100	125	160	200	250	315	400
	3.5	180	224	280	355	450	106	132	170	212	265	335	425
	4	190	236	300	375	475	112	140	180	224	280	355	450
	4.5	200	250	315	400	500	118	150	190	236	300	375	475

（2）根据被测螺纹的公称直径，选择合适的螺纹千分尺，再根据其螺距，选择一对合适的测头，擦干净后将 V 形测量头插入架砧的孔内，将圆锥形测量头插入主测量杆孔内，并校正零位。

（3）擦干净被测螺纹并放入两测量头之间，找正中径部位进行测量读数，所得值即为螺纹中径的实际尺寸。

五、实验数据

实验数据见表 1-29。

表 1-29　实验数据记录

被 测 零 件	名称	螺纹标注	中径最大极限尺寸	中径最小极限尺寸
计 量 器 具	名称	测量范围	示值范围	分度值
测量示意图				
测 量 数 据	测量位置	截面 I-I	截面 II-II	合格性判断
	第一次读数			
	第二次读数			
	平均值			
班　级	学号	姓名	指导教师	成绩

六、实验结论

根据中径的极限尺寸来判断被测螺纹中径是否合格。

七、思考题

（1）为什么螺纹千分尺只能用于测量精度要求不高的外螺纹的中径？

（2）用螺纹千分尺测量外螺纹中径时，如何选用测头？

1.11　齿轮齿厚偏差测量

一、实验目的

（1）熟悉游标测齿卡尺的结构和使用方法。

（2）掌握齿轮分度圆公称齿高和公称齿厚的计算公式。

（3）熟悉齿厚偏差的测量方法。

（4）加深对齿厚偏差的定义的理解。

二、实验量仪说明

本实验用的量仪有游标测齿卡尺、外径千分尺，测量零件为标准直齿圆柱齿轮。

（1）游标测齿卡尺：其结构主要由垂直主尺 1、水平主尺 2、高度板 3 等部分组成，如图 1-108 所示。

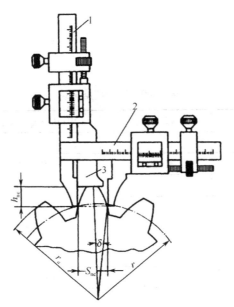

R—分度圆半径；r_a—齿顶圆半径；δ—齿厚中心角之半；S_{nc}—分度圆上的弦齿厚；h_{nc}—分度圆上的弦齿高；

1—垂直主尺；2—水平主尺；3—高度板

图 1-108　分度圆弦齿厚的测量

（2）测量范围：游标测齿卡尺，一般有模数为 $m=1\sim18$、$m=1\sim26$ 等，本实验游标测齿卡尺分度值为 0.02mm、$m=1\sim26$mm。外径千分尺，根据齿轮齿顶圆尺寸选取，分度值为 0.02mm。

（3）用途：主要用于测量直齿和斜齿圆柱齿轮的固定弦齿厚和分度圆弦齿厚。

（4）使用前，检查零位各部分是否准确和灵活可靠。

（5）使用时，应注意使活动量爪和固定量爪按垂直方向与齿面接触，无间隙后，进行读数，同时还应注意测量压力不能太大，以免影响测量精度。

（6）测量时，可在每隔 120° 的齿圈上测量一个齿，取其偏差最大者作为该齿轮的齿厚实际尺寸，将测得的齿厚实际尺寸与分度圆弦齿厚的理论值之差，即为齿厚偏差。

三、实验原理

（1）齿厚偏差 ΔE_{sn}：是指在齿轮分度圆柱面上实际齿厚与公称齿厚（齿厚理论值）之差，即 $\Delta E_{sn}=S_{nca}-S_{nc}$，如图 1-109 所示，对于斜齿轮，指法向实际齿厚与公称齿厚之差，它是评定齿轮齿厚减薄量的指标。

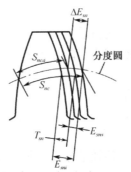

S_{nc}—公称齿厚；S_{nca}—实际齿厚；ΔE_{sn}—齿厚偏差；ΔE_{sns}—齿厚上极限偏差；ΔE_{sni}—齿厚下极限偏差；T_{sn}—齿厚公差

图 1-109　齿厚偏差与齿厚极限偏差

按照定义，齿厚以分度圆弧长计值，但弧长不便于测量。因此，实际上是按分度圆上的弦齿高来测量弦齿厚。

（2）分度圆上的公称弦高 h_{nc} 和弦齿厚 s_{nc} 计算公式：

$$h_{nc} = m\left\{1 + \frac{z}{2}\left[1 - \cos\left(\frac{\pi + 4x\tan\alpha}{2z}\right)\right]\right\} \tag{1-22}$$

$$s_{nc} = mz\sin\left(\frac{\pi + 4x\tan\alpha}{2z}\right) \tag{1-23}$$

式中　m——模数；

z——齿数；

x——变位系数（标准直齿圆柱齿轮，$x = 0$）；

α——压力角［标准直齿圆柱齿轮 $\alpha = 20°$，当 $\alpha = 20°$ 代入式（1-23），计算得：

$\left(\dfrac{\pi + 4x\tan\alpha}{2z}\right)$ 单位为弧度］。

（3）游标测齿卡尺的垂直游标尺高度板的位置 h，按如下公式确定：

$$h = h_{nc} + \frac{1}{2}(d_{a实} - d_a) \tag{1-24}$$

式中　h——分度圆弦齿高实际值（mm）；

h_{nc}——分度圆公称弦齿高（mm）；

d_a——齿顶圆公称直径（mm）；

$d_{a实}$——齿顶圆实际直径（mm）。

（4）对于标准直齿圆柱齿轮（$x = 0$），为了使用方便，将按上述公式计算出模数为 1mm 的各种不同齿数的齿轮分度圆公称弦齿高和公称弦齿厚的数值，列于表 1-30 中。

表 1-30　$m = 1$mm 的标准直齿圆柱齿轮分度圆公称弦齿高 h_{nc} 和公称弦齿厚 S_{nc} 的数值

齿　数	h_{nc}/mm	S_{nc}/mm	齿　数	h_{nc}/mm	S_{nc}/mm
11	1.0560	1.5655	26	1.0237	1.5698
12	1.0513	1.5663	27	1.0227	1.5699
13	1.0474	1.5669	28	1.0220	1.5700
14	1.0440	1.5673	29	1.0213	1.5700
15	1.0441	1.5679	30	1.0205	1.5701
16	1.0385	1.5683	31	1.0199	1.5701
17	1.0363	1.5686	32	1.0193	1.5702
18	1.0342	1.5688	33	1.0187	1.5702
19	1.0324	1.5690	34	1.0181	1.5702
20	1.0308	1.5692	35	1.0176	1.5702
21	1.0294	1.5694	36	1.0171	1.5703
22	1.0281	1.5695	37	1.0167	1.5703
23	1.0268	1.5696	38	1.0162	1.5703
24	1.0257	1.5697	39	1.0158	1.5704
25	1.0247	1.5698	40	1.0154	1.5704

续表

齿 数	h_{nc}/mm	S_{nc}/mm	齿 数	h_{nc}/mm	S_{nc}/mm
41	1.0150	1.5704	53	1.0116	1.5706
42	1.0147	1.5704	54	1.0114	1.5706
43	1.0143	1.5705	55	1.0112	1.5706
44	1.0140	1.5705	56	1.0110	1.5706
45	1.0137	1.5705	57	1.0108	1.5706
46	1.0134	1.5705	58	1.0106	1.5706
47	1.0131	1.5705	59	1.0104	1.5706
48	1.0129	1.5705	60	1.0103	1.5706
49	1.0126	1.5705	61	1.0101	1.5706
50	1.0124	1.5705	62	1.0100	1.5706
51	1.0121	1.5705	63	1.0098	1.5706
52	1.0119	1.5706	64	1.0096	1.5706

注：对于其他模数的齿轮，则将表中的数值乘以模数。

四、实验步骤

（1）依据被测齿轮的 z、m，求标准直齿圆柱齿轮齿顶圆直径 d_a，即

$$d_a=(z+2h_a^*)m \tag{1-25}$$

（2）计算或查表 1-30 确定分度圆上的公称弦齿高 h_{nc} 和弦齿厚 s_{nc}（注意表中值 m 与实际齿轮相对应）。

（3）用外径千分尺测量齿轮齿顶圆实际尺寸 $d_{a实}$。

（4）依据式（1-24）计算出垂直游标尺高度板的位置 h，并固定之。

（5）测量 S_{nca}。将齿轮游标尺置于被测齿上，使垂直游标尺的高度尺与齿顶相接触，然后移动水平游标尺的卡脚，使卡脚靠紧齿廓，从水平游标尺上读出弦齿厚读数 S_{nca} 的实际尺寸（按光隙判断接触情况）。

（6）每隔 90°测量一个齿厚。

（7）按齿轮图样标注的要求确定齿厚上偏差 E_{sns} 和下偏差 E_{sni}。判断被测齿厚的适用性。

五、实验数据与结论

将实验数据填入表 1-31，合格条件：所测各齿的齿厚偏差ΔE_{sn} 皆在齿厚上偏差与齿厚下偏差范围内，即 $E_{sni} \leqslant \Delta E_{sn} \leqslant E_{sns}$。

表 1-31　齿轮齿厚偏差测量记录表

量具	名称	分度值/mm		测量范围/mm	
	件号	模数 m	齿数 z	压力角 α	公差标注
被测齿轮					
		E_{smax}/mm		E_{smin}/mm	

续表

被测齿轮	被测参数计算/mm	公称齿顶圆半径 $= \frac{1}{2}m(z+2)$
		实测齿顶圆半径 $= \frac{1}{2}d_{a实}$
		分度圆弦齿高 $h = h_{nc} + \frac{1}{2}(d_{a实} - d_a)$
		分度圆公称弦齿厚 $s_{nc} = mz\sin\left(\frac{90°}{z}\right)$

测量结果/mm				
序号（90°均布）	90°	180°	270°	360°
齿厚实际值				
齿厚偏差 ΔEsn				
合格性结论及理由				

六、思考题

（1）测量齿厚偏差的目的？

（2）比较齿厚偏差 ΔE_{Sn} 测量和公法线平均长度偏差 ΔE_W 测量。

1.12 齿轮公法线长度偏差的测量

一、实验目的

（1）熟悉公法线千分尺或公法线指示规的结构和使用方法。

（2）掌握齿轮公称公法线长度的计算方法。

（3）熟悉公法线长度的测量方法。

（4）加深对公法线平均长度偏差定义的理解。

二、测量仪器

测量仪器有数显公法线千分尺、公法线指示规，如图1-110所示。

（1）公法线千分尺的外形如1-110（a）所示。它的结构、使用方法和读数方法皆与外径千分尺相同，不同之处仅是量砧的形状为碟形，以便于碟形量砧能够进入齿轮的齿槽进行测量。

（2）公法线指示规的结构如图1-110（b）所示。量仪的弹性开口圆柱套2的孔比圆柱1稍小，将专用扳手9从圆柱1内孔右端取出，插入圆柱套2的开口槽中，可使圆柱套2沿圆柱1移动。活动量爪4的位移通过比例杠杆5传递到指示表（分度值为0.005mm）6的测头，由指示表的指针显示出来。按压按钮8，能够使活动量爪4退开（向左移动）。用组成公称公法线长度的量块组调整活动量爪4与固定量爪3之间的距离，使指示表6的指针压缩（正转）约半转，之后转动指示表6的表盘，使表盘的零刻线对准指针，确定量仪指示表的示值零位。然后，用调整好示值零位的量仪按相对（比较）测量法来测量齿轮各条实际公法线长度与公称公法线长度的偏差。测量时应轻轻摆动量仪，按指针转动的转折点（最小示值）进行读数。

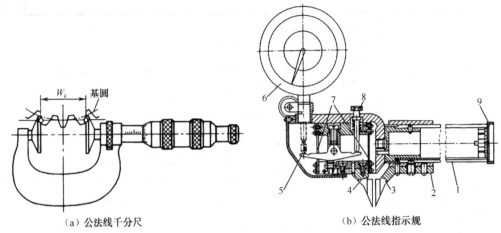

（a）公法线千分尺　　　　　　　（b）公法线指示规

1—圆柱；2—开口圆柱套；3—固定量爪；4—活动量爪；5—比例杠杆；6—指示表；7—簧片；8—按钮；9—扳手

图 1-110　公法线千分尺和公法线指示规

三、测量原理

1. 公法线长度偏差

公法线长度是指齿轮上几个轮齿的两端异向齿廓所包含的一段基圆圆弧，即该两端异向齿廓间基圆切线线段的长度。公法线长度偏差 ΔEw 是指实际公法线长度 W_k 与公称公法线长度 W 之差，即

$$\Delta Ew = W_k - W \tag{1-26}$$

2. 直齿圆柱齿轮的公称公法线长度 W 计算公式为

$$W = m\cos\alpha[\pi(n-0.5) + z \cdot \mathrm{inv}\alpha] + 2xm\sin\alpha \tag{1-27}$$

式中　m——模数；

　　　z——齿数；

　　　α——标准压力角；

　　　$\mathrm{inv}\alpha$——渐开线函数（$\mathrm{inv}20° = 0.014904$）；

　　　x——变位系数（对标准齿轮 $x=0$）；

　　　n——跨齿数，跨齿数按式（1-28）计算：

$$n = z \cdot \alpha/180° + 0.5 \tag{1-28}$$

当 $\alpha=20°$ 时，式（1-28）化简为

$$n = z/9 + 0.5$$

对于标准直齿圆柱齿轮（$x=0$），为了使用方便，按式（1-27）和式（1-28）分别计算出 $\alpha=20°$、$m=1\mathrm{mm}$ 的各种不同齿数齿轮的跨齿数 n（化为整值）和公称公法线长度 W 的数值，列于表 1-32 中。

表 1-32　$\alpha=20°$、$m=1\mathrm{mm}$ 的标准直齿圆柱齿轮跨齿数和公称公法线长度的数值（单位：mm）

Z	n	W	Z	n	W	Z	n	W
15	2	4.6383	16	2	4.6523	17	2	4.6663

Z	n	W	Z	n	W	Z	n	W
18	3	7.6324	29	4	10.7386	40	5	13.8448
19	3	7.6464	30	4	10.7526	41	5	13.8588
20	3	7.6604	31	4	10.7666	42	5	13.8728
21	3	7.6744	32	4	10.7806	43	5	13.8868
22	3	7.6884	33	4	10.7946	44	5	13.9008
23	3	7.7024	34	4	10.8086	45	6	16.8670
24	3	7.7165	35	4	10.8226	46	6	16.8810
25	3	7.7305	36	5	13.7888	47	6	16.8950
26	3	7.7445	37	5	13.8028	48	6	16.9090
27	4	10.7106	38	5	13.8168	49	6	16.9230
28	4	10.7246	39	5	13.8308	50	6	16.9370

注：对于其他模数的齿轮，则将表中 W 的数值乘以模数。

对变位齿轮：$n = z \cdot \alpha_m / 180° + 0.5$

式中　$\alpha_m = \arccos[d_b / (d + 2xm)]$。

其中，d_b 为齿轮基圆直径；d 为齿轮分度圆直径；n 值通常不是整数，必须把它化整为最接近计算值的整数。

3. 斜齿轮公称法向公法线长度 W_n 的计算为

$$W_n = m_n \cos\alpha_n [\pi(n - 0.5) + z \cdot \mathrm{inv}\,\alpha_t] + 2x_n m_n \sin\alpha_n \tag{1-29}$$

式中　m_n——斜齿轮的法向模数；

α_n——标准压力角；

n——法向测量公法线长度时的跨齿数；

z——齿数；

α_t——端面压力角；

x_n——法向变位系数。

计算 W_n 和 n 时，首先根据标准压力角 α_n 和分度圆螺旋角 β 计算出端面压力角 α_t：

$$\alpha_t = \arctan(\tan\alpha_n / \cos\beta) \tag{1-30}$$

再由 α_n、z 和 α_t 计算出假想齿数 z'：

$$z' = z \cdot \mathrm{inv}\,\alpha_t / \mathrm{inv}\,\alpha_n \tag{1-31}$$

然后由 α_n、z' 和 x_n 计算出跨度齿数 n：

$$n = \frac{\alpha_n}{180°} z' + 0.5 + \frac{2x_n \cot\alpha_n}{\pi}$$

对于标准斜齿轮：$x_n = 0$，跨度齿数 $n = z' \cdot \alpha_n / 180° + 0.5$，当 $\alpha_n = 20°$ 时，跨度齿数 $n = z' / 9 + 0.5$。

注意：当斜齿轮的齿宽 $b > 1.015 W_n \sin\beta_b$（$\beta_b$ 为基圆螺旋角）时，才能采用公法线长度偏差作为侧隙指标。

四、测量步骤

（1）根据被测齿轮的模数 m、齿数 z 和标准压力角 α 等参数计算跨齿数 n 和公称公法线长度 W 的数值（或从表 1-32 中查取）。

（2）按公称公法线长度 W，选择测量范围合适的公法线千分尺，并应注意校准其示值零位。若使用公法线指示规测量，则按 W 值选取量块，用量块组调整量仪指示表的示值零位。

（3）测量公法线长度时应注意千分尺两个碟形量砧的位置（或指示规两个量爪的位置），使两个量砧与齿面在分度圆附近相切，如图 1-111 所示。

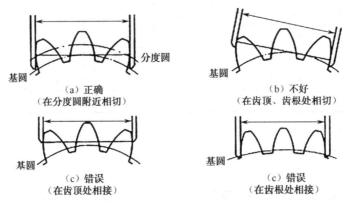

图 1-111　量爪的接触位置

（4）在被测齿轮圆周上测量均布的 8 条或更多条公法线长度 W_{ki}。测量后，应校对量仪示值零位，误差不得超过半格刻度。

五、实验数据与结论

将实验数据填入表格 1-33 中。合格条件是：各条公法线长度的偏差皆在公法线长度上偏差 Ews 和下偏差 Ewi 的范围内，即 $Ewi \leqslant \Delta E_W \leqslant Ews$

表 1-33　齿轮公法线长度偏差数据记录表

量　具	名称		分度值/mm		测量范围/mm	
被测齿轮	件号	模数	齿数		压力角	齿轮公差标准

公法线公称长度 W（mm）计算或查表

$$W = m\,[1.476(2n-1)+0.014z]=$$

公法线长度测量数据记录（mm）

齿序	实际长度	齿序	实际长度	齿序	实际长度	齿序	实际长度
1		10		19		28	
2		11		20		29	
3		12		21		30	
4		13		22		31	

续表

公法线长度测量数据记录（mm）							
齿序	实际长度	齿序	实际长度	齿序	实际长度	齿序	实际长度
5		14		23		32	
6		15		24		33	
7		16		25		34	
8		17		26		35	
9		18		27		36	
合格性结论及理由							

六、思考题

（1）测量公法线长度时，两测头与齿面的哪个部位相切最合理？为什么？

（2）只检验公法线长度变动量能保证齿轮传动的准确性吗？为什么？

（3）与测量齿轮齿厚相比较，测量齿轮公法线长度有何优点？

（4）直齿内齿轮和斜齿内齿轮公法线长度能否实现测量？

1.13　齿轮单个齿距偏差和齿距累积总偏差的测量

一、实验目的

（1）了解万能测齿仪的工作原理。

（2）掌握相对法测量齿距偏差的方法及数据处理方法。

（3）加深对齿轮单个齿距偏差和齿距累积总偏差定义的理解。

二、量仪说明

万能测齿仪的外形如图 1-112（a）所示。量仪的弧形支架 7 可以绕基座 1 的垂直轴线旋转。支架 7 上装有两个顶尖，用于安装被测齿轮。支架 2 可以在水平面内进行纵向和横向移动，其上装有带测量装置的工作台 4。工作台 4 能够进行径向移动，用锁紧螺钉 3 可以将工作台 4 固定在任何位置上。当松开螺钉 3 时，靠弹簧的作用，工作台 4 就匀速地移动到测量位置。测量装置 5 上有一个固定量爪和一个能够与指示表 6 测头接触的可移动量爪，用这两个量爪分别与两个相邻同侧齿面接触来进行测量。用万能测齿仪测量齿轮的齿距时，测量力是依靠连接在安装着被测齿轮心轴上的重锤 11 来保证的。

万能测齿仪可以用来测量齿轮的齿距、齿轮径向跳动、齿厚和公法线长度等参数。

三、测量原理

单个齿距偏差 Δf_{pt} 是指在齿轮端平面上，接近齿高中部的一个与齿轮基准轴线同心的圆上，实际齿距与理论齿距的代数差，如图 1-113 所示（图中虚线齿廓表示理论齿廓，实线齿廓表示实际齿廓），取其中绝对值最大的数值 $\Delta f_{pt\,max}$ 作为评定值。

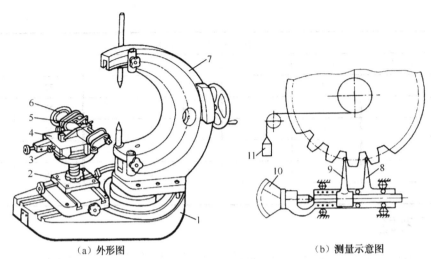

（a）外形图　　　　　　　　　　　　（b）测量示意图

1—基座；2—支架；3—锁紧螺钉；4—工作台；5—测量装置；6—指示表；7—弧形支架；

8—固定的球端量爪；9—可移动的球端量爪；10—指示表；11—重锤

图 1-112　万能测齿仪

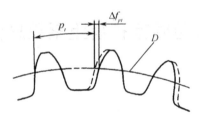

D—与齿轮基准轴线同心的圆；p_t—理论齿距

图 1-113　齿轮单个齿距偏差 Δf_{Pt}

　　齿距累积总偏差 ΔF_P 是指在齿轮端平面上，接近齿高中部的一个与齿轮基准轴线同心的圆上，任意两个同侧齿面间的实际弧长与理论弧长的代数差中的最大绝对值，如图 1-113 所示（图中虚线齿廓表示理论齿廓，实线齿廓表示实际齿廓）。

　　齿距的测量方法有两种：相对法（比较法）和绝对法，本实验采用相对法。

　　相对法测量是指以被测齿轮上任意一个实际齿距作为基准齿距，用它调整量仪指示表的示值零位。然后，用调整好示值零位的量仪依次逐齿地测量其余齿距对基准齿距的偏差。按圆周封闭原理（同一齿轮所有齿距偏差的代数和为零），进行数据处理，以指示表依次逐齿测出的各个示值的平均值作为理论齿距，计算出单个齿距偏差 Δf_{pt} 和齿距累积总偏差 ΔF_P。

　　用相对法测量齿距的典型量仪是手持式齿距仪和万能测齿仪。本实验采用万能测齿仪。

四、实验内容

（1）用万能测齿仪测量圆柱齿轮齿距相对偏差 ΔP_t。

（2）用计算法求解单个齿距偏差 Δf_{pt} 和齿距累积总偏差 ΔF_P，如图 1-114（b）所示。

（3）根据测量结果评定被测齿轮相应参数的合格性。

五、实验步骤

（1）如图 1-112（a）所示，把安装着被测齿轮的心轴顶在量仪弧形支架 7 的两顶尖之间。

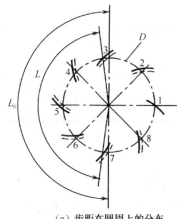
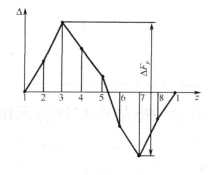

（a）齿距在圆周上的分布　　　　　　（b）齿距偏差曲线

D—与齿轮基准轴线同心的圆；L_0—理论弧长；L—实际弧长；Z—齿序；Δ—轮齿实际位置与理论位置的偏差

图 1-114　齿轮齿距累积总偏差 ΔF_p

移动工作台支架 2，并调整测量装置 5 上两个量爪的位置，使它们处于被测齿轮的相邻两个齿间内，且位于分度圆附近。如图 1-112（b）所示，在心轴上挂上重锤 11，使被测齿轮的一个齿面紧靠在固定量爪 8 上，并使活动量爪 9 在弹簧的作用下与相邻的同侧齿面接触。

（2）如图 1-112（a）所示，以任意一个齿距作为基准齿距，调整指示表 6 的示值零位。调整时，切向移动测量装置 5，直到两个量爪分别与两个同侧齿面接触，且指示表指针被压缩。然后径向移动工作台 4，使量爪进出齿距几次，以检查指示表示值的稳定性。

（3）测完第一个齿距（基准齿距）后退出两个量爪，将被测齿轮转过一齿，逐齿测量其余齿距相对于基准齿距的偏差 Δp_t，列表记录指示表的示值。测量了所有的齿距后，应复查指示表示值零位。

（4）根据测得的 z 个示值，按表 1-34 示例处理测量数据，求解被测齿轮的单个齿距偏差 Δf_{pt} 和齿距累积总偏差 ΔF_P 的数值。

表 1-34　用相对法测量齿距时的数据及数据处理结果

轮齿序号	1→2	2→3	3→4	4→5	5→6	6→7	7→8	8→9	9→10	10→11	11→12	12→1
齿距代号 p_i	p_1	p_2	p_3	p_4	p_5	p_6	p_7	p_8	p_9	p_{10}	p_{11}	p_{12}
指示表示值Δp_i（实际齿距相对于基准齿距的偏差，μm）	0	+5	+5	+10	-20	-10	-20	-18	-10	-10	+15	+5
各示值的平均值 $\Delta p_m = \dfrac{1}{z}\sum\limits_{i=1}^{z}\Delta p_i$ （μm）												
$\Delta f_{pti} = \Delta p_i - \Delta p_m$（实际齿距与理论齿距的代数差，μm）	+4	+9	+9	+14	-16	-6	-16	-14	-6	-6	+19	+9

各示值的平均值行：$\Delta p_m = \dfrac{-48}{12} = -4$ （相当于理论齿距）

续表

$\Delta p_{\Sigma_j} = \sum_{i=1}^{j}(\Delta f_{pti})$ （齿距偏差逐齿累计值，μm）， （$j=1,\cdots,12$）	+4	+13	+22	+36	+20	+14	-2	-16	-22	-28	-9	0

六、测量数据处理和计算示例

用相对法测量一个齿数为 12 的直齿圆柱齿轮右齿面的各个实际齿距。以齿距 p_1 作为基准齿距，指示表对它测得的示值为零。用调整好示值零位的量仪依次逐齿测量其余的所有齿距，将指示表测得的示值（测量数据）列于表 1-34 的第 3 行。数据处理中的计算和结果如表 1-34 第 4 行、第 5 行和第 6 行所示。

由表中数据可得：

单个齿距偏差 $\Delta f_{pt} = +19(\mu m)$

齿距累积总偏差 ΔF_P 等于齿距偏差逐齿累计值 Δp_{Σ_j} 中的正、负极值之差，即

$$\Delta F_P = (+36) - (-28) = 64(\mu m)$$

按上述方法对实验所测齿轮的测量数据进行处理，并根据测量结果评定被测齿轮相应参数的合格性。合格条件：

$$-f_{pt} \leqslant \Delta f_{pt} \leqslant +f_{pt} \quad （所有的 \Delta f_{pt} 都在单个齿距偏差允许值范围内）$$

$$\Delta F_P \leqslant F_P \quad （齿距累积总偏差不超过齿距累积总偏差允许值）$$

七、思考题

（1）试述 GB/T 10095.1—2008 规定的圆柱齿轮各个强制性检测精度指标的名称。

（2）测量过程中为什么要复查指示表的示值零位？

（3）齿轮的理论齿距与各实际齿距有何关系？为什么？

1.14 齿轮螺旋线总偏差的测量

一、实验目的

（1）熟悉在卧式齿轮径向跳动测量仪上用杠杆型千分表测量圆柱齿轮螺旋线总偏差的方法。

（2）加深对齿轮螺旋线总偏差的定义的理解。

二、量仪说明

卧式齿轮径向跳动测量仪的外形如图 1-115 所示。它由底座 10、装有两个顶尖座 7 的滑台 9 和立柱 1 等部分组成。被测盘形齿轮安装在心轴 4 上（该齿轮的基准孔与心轴成无间隙配合，用心轴轴线模拟体现该齿轮的基准轴线），把装着被测齿轮的心轴安装在两个顶尖 5 之间。

顶尖座滑台 9 可以在底座 10 的导轨上沿被测齿轮基准轴线的方向移动。立柱 1 上装有指示表表架 14，它可以沿该立柱上下移动和绕该立柱转动。

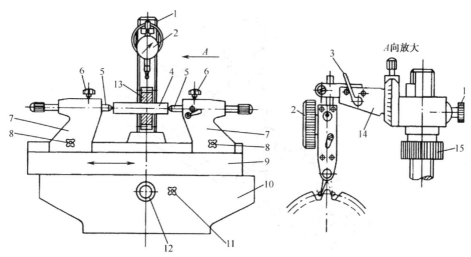

1—立柱；2—杠杆型千分表；3—指示表测量扳手；4—心轴；5—顶尖；6—顶尖锁紧螺钉；7—顶尖座；8—顶尖座锁紧螺钉；

9—滑台；10—底座；11—滑台锁紧螺钉；12—滑台移动手轮；13—被测齿轮；14—指示表表架；

15—升降螺母；16—指示表表架紧定螺钉

图 1-115 卧式齿轮径向跳动测量仪

测量直齿圆柱齿轮的螺旋线总偏差时，使杠杆型千分表 2 的测头与实际被测齿面在接近分度圆的圆上接触。松开滑台锁紧螺钉 11，转动手轮 12，使顶尖座滑台 9 在底座 10 的导轨上移动，在齿宽计值范围内进行测量。

三、测量原理

在齿轮端面基圆切线方向测得的实际螺旋线与设计螺旋线的偏离量称为螺旋线偏差。在专用量仪上测量螺旋线偏差时得到的记录图上的螺旋线偏差曲线称为螺旋线迹线。齿轮螺旋线总偏差 ΔF_β 是指在计值范围内（在齿宽上从轮齿两端各扣除倒角或修缘部分），最小限度地包容实际螺旋线迹线的两条设计螺旋线迹线间的距离。直齿轮的螺旋线总偏差如图 1-116 所示。测量时，取所测各齿面的 ΔF_β 中的最大值 $\Delta F_{\beta \max}$ 作为评定值。

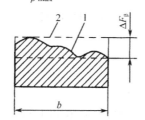

1—实际螺旋线；2—设计螺旋线（两条虚线）；b—齿宽

图 1-116 直齿轮的螺旋线总偏差

直齿圆柱齿轮的齿轮螺旋角等于零度。因此，其设计螺旋线是一条直线，它平行于齿轮基准轴线。直齿轮的螺旋线总偏差是指在基圆柱的切平面内，在计值范围内包容实际螺旋线（实际齿向线）且距离为最小的两条设计螺旋线（直线）之间的法向距离。

直齿轮的螺旋线偏差可以在卧式齿轮径向跳动测量仪上用杠杆型千分表进行测量，如图 1-117所示。

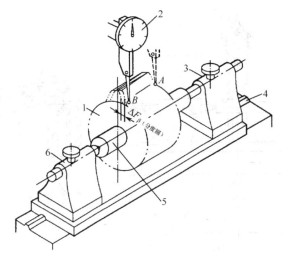

1—被测直齿轮；2—杠杆型千分表；3、6—顶尖座；4—底座；5—心轴

图 1-117　直齿轮螺旋线总偏差测量示意图

被测直齿轮 1 安装在心轴 5 上（齿轮的基准孔与心轴成无间隙配合），心轴 5 安装在顶尖座 3 与 6 的顶尖之间。两顶尖的公共中心线体现被测直齿轮 1 的基准轴线。测量时，杠杆型千分表 2 的测头与被测直齿轮 1 的齿面在接近分度圆的圆上接触，在被测齿轮不转动的条件下，使实际被测齿面与测头在齿宽计值范围内，从一端的 A 点到另一端的 B 点（或者从 B 点到 A 点）进行相对轴向直线运动，测取千分表示值中最大示值与最小示值的差值。该差值是齿轮端面分度圆弧长的数值 ΔF_{β}（分度圆），将其乘以 $\cos\alpha$（α 为标准压力角）就得到螺旋线总偏差的数值（端面基圆切线方向上的数值）。

利用能使被测齿轮齿面与指示表测头沿齿轮基准轴线进行相对轴向移动的其他量仪或测量装置也能实现上述测量。

四、实验内容

（1）在卧式齿轮径向跳动测量仪上用杠杆型千分表测量直齿圆柱齿轮的螺旋线总偏差 ΔF_{β}。

（2）根据测量结果评定被测齿轮相应参数的合格性。

五、实验步骤

1. 在量仪上安装被测齿轮

转动手轮 12，使顶尖座滑台 9 移动到底座 10 的中间位置，然后旋紧螺钉 11 加以固定。按心轴（或被测齿轮轴）的长度和操作要求，先将左顶尖座 7 固定在滑台 9 上，并将其上的顶尖固定。之后，调整右顶尖座 7 的位置，保证其上的弹簧顶尖顶住心轴的中心孔后心轴不能轴向窜动。在进行上述操作时，应使顶尖伸出顶尖套筒孔的部分尽量短些。另外，还需要在左顶尖上安装拨杆、在心轴左端安装夹头，然后将夹头与拨杆加以连接和紧固，以防止在测量过程中被测齿轮转动。

2. 安装和调整杠杆型千分表

将杠杆型千分表 2 安装在表架 14 的表夹中。转动升降螺母 15，使表架 14 沿立柱 1 上下移动并绕立柱转动，以使千分表 2 的测头与实际被测齿面在接近分度圆的圆上接触。这时将千分表 2 的指针压缩（正转）约半转，转动表盘，使表盘的零刻线对准指针，确定千分表 2 的示值零位。

3．测量

旋松螺钉 11，转动手轮 12，使顶尖座滑台 9 移动，在齿宽计值范围内进行测量。读取千分表 2 指示的最大示值与最小示值，将它们的差值乘以 $\cos\alpha$ 就是实际被测齿面的螺旋线总偏差 ΔF_β 的数值。

抬起扳手 3，使千分表 2 升高。把被测齿轮 13 转过一定的角度。然后，放下扳手 3，使测头进入另一个齿槽内，与这个齿槽的实际被测齿面接触，并在齿宽计值范围内进行测量。

六、数据处理

（1）测量过程中，应在被测齿轮圆周上测量均布的三个轮齿或更多轮齿左、右齿面的螺旋线总偏差，取其中的最大值 $\Delta F_{\beta\max}$ 作为评定值。

（2）根据测量结果评定被测齿轮相应参数的合格性。条件：$\Delta F_{\beta\max}$ 不大于螺旋线总偏差允许值 F_β。

七、思考题

（1）齿轮螺旋线总偏差主要是在加工齿轮时由齿轮坯和切齿机床的什么误差产生的？

（2）为什么同一轮齿不同齿面的螺旋线总偏差的数值或走向不一定相同？

1.15　齿轮径向跳动的测量

一、实验目的

（1）了解齿圈径向跳动检查仪的工作原理。

（2）掌握齿圈径向跳动的测量方法。

（3）加深对齿圈径向跳动定义的理解。

二、量仪说明

齿轮径向跳动可以使用齿轮径向跳动测量仪、万能测齿仪来测量。本实验采用卧式齿轮径向跳动测量仪进行测量。

卧式齿轮径向跳动测量仪的外形如图 1-118 所示。测量时，把被测齿轮 13 用心轴 4 安装在两个顶尖座 7 的顶尖 5 之间（齿轮基准孔与心轴成无间隙配合，用心轴轴线模拟体现该齿轮的基准轴线）。指示表 2 的位置固定后，使安装在指示表测杆上的球形测头或圆锥角等于 2α（α 为标准压力角）的锥形测头在齿槽内接近齿高中部与齿槽的左、右齿面接触。测头尺寸的大小应与被测齿轮的模数相适应，以保证测头在接近齿高中部与齿槽双面接触。用测头逐齿槽地测量它相对于齿轮基准轴线的径向位移，该径向位移由指示表 2 的示值反映出来。指示表的最大示值与最小示值之差即为齿轮径向跳动 ΔF_r 的数值。

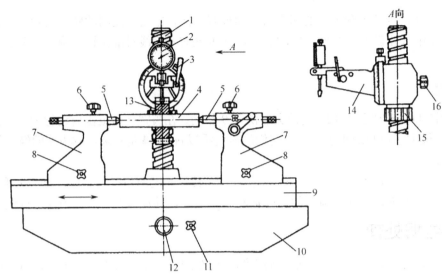

1—立柱；2—指示表；3—指示表测量扳手；4—心轴；5—顶尖；6—顶尖锁紧螺钉；7—顶尖座；8—顶尖座锁紧螺钉；9—滑台；
10—底座；11—滑台锁紧螺钉；12—滑台移动手轮；13—被测齿轮；14—指示表表架；15—升降螺母；16—指示表表架锁紧螺钉

图 1-118　卧式齿轮径向跳动测量仪

三、测量原理

齿圈径向跳动 ΔF_r 是指齿轮一转范围内，测头在齿槽内与齿高中部双面接触，测头相对于齿轮轴线径向位移的最大变动量，如图 1-119 所示。

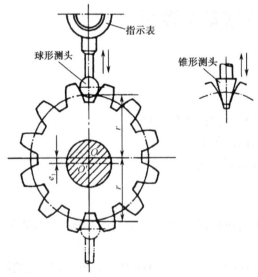

O—加工齿轮时的回转轴线；r—测量半径；e_1—几何偏心；O'—齿轮基准孔的轴线（测量基准）

图 1-119　齿轮径向跳动

ΔF_r 大体上由两倍几何偏心组成，添加单个齿距偏差和齿廓偏差的影响。因此，在一定条件下，它可以用来评定齿轮传递运动的准确性。按 GB/T 10095.2 — 2008 的规定，齿轮径向跳动属于齿轮的非强制性检测精度指标。

四、实验内容

（1）用齿圈径向跳动检查仪测量齿轮的齿圈径向跳动。

（2）根据测量结果评定被测齿轮相应参数的合格性。

五、实验步骤

（1）在量仪上调整指示表的球形或锥形测头与被测齿轮的相对位置。根据被测齿轮的模数，选择尺寸合适的球形或锥形测头，把它安装在指示表 2 的测杆上。

把被测齿轮 13 安装在心轴 4 上（齿轮的基准孔应与心轴成无间隙配合），然后把心轴安装在两个顶尖 5 之间。注意调整这两个顶尖之间的距离，使心轴无轴向窜动，且能转动自如。

松开螺钉 11，转动手轮 12，使滑台 9 移动，以便使测头大约位于齿宽中间。然后，将螺钉 11 锁紧。

（2）调整量仪指示表的示值零位。放下扳手 3，松开螺钉 16，转动螺母 15，使指示表测头随表架 14 沿立柱 1 下降到与某个齿槽双面接触。把指示表 2 的指针压缩（正转）1～2 转，然后旋紧螺钉 16，使表架 14 的位置固定。转动指示表的表盘，把表盘的零刻线对准指示表的长指针，确定指示表的示值零位。

（3）测量。抬起扳手 3，使指示表 2 升高，把被测齿轮 13 转过一个齿槽。然后，放下扳手 3，使测头进入这个齿槽内，与齿槽双面接触，并记下指示表的示值。这样逐齿槽地依次测量所有的齿槽，并把读数填入表 1-35 中。

表 1-35　实验数据记录表

仪器	名称		分度值/μm		示值范围/μm		
被测齿轮	模数 m	齿数 z	压力角 α	齿轮公差标注		齿轮齿圈径向跳动 F_r /μm	
齿序	读数/μm	齿序	读数/μm	齿序	读数/μm	齿序	读数/μm
1		11		21		31	
2		12		22		32	
3		13		23		33	
4		14		24		34	
5		15		25		35	
6		16		26		36	
7		17		27		37	
8		18		28		38	
9		19		29		39	
10		20		30		40	
测量结论	齿圈径向跳动 ΔF_r/μm			合格性结论（是否合格）及理由			

六、测量数据处理

（1）从所有示值中找出最大示值和最小示值，它们的差值即为被测齿轮的径向跳动 ΔF_r 的数值。

（2）根据测量结果评定被测齿轮相应参数的合格性。合格条件为：被测齿轮的 ΔF_r 不大于齿轮径向跳动允许值 F_r。（ $\Delta F_r \leqslant F_r$ ）。

七、思考题

（1）齿轮径向跳动 ΔF_r 主要反映齿轮的哪个加工误差？

（2）齿轮径向跳动 ΔF_r 可否用其他的精度评定指标代替？

1.16 齿轮径向综合偏差的测量

一、实验目的

（1）了解齿轮双面啮合综合测量仪的结构并熟悉使用它测量齿轮径向综合总偏差和一齿径向综合偏差的方法。

（2）加深对齿轮径向综合总偏差和一齿径向综合偏差的定义的理解。

二、量仪说明

如图 1-120 为齿轮双面啮合综合测量仪的外形图。量仪的底座 12 上安放着测量时位置固定的滑座 1 和测量时可移动的滑座 2，它们的心轴上分别安装被测齿轮 9 和测量齿轮 8 上。受压缩弹簧的作用，两齿轮可进行双面啮合。转动手轮 11 可以移动固定滑座 1，以调整它在底座 12 上的位置，然后用手柄 10 加以固定。双啮中心距的变动量可以由指示表（百分表）6 的示值反映出来，或者用记录器 7 记录下来。手轮 3、销钉 4 和螺钉 5 用于调整滑座 2 的移动范围。

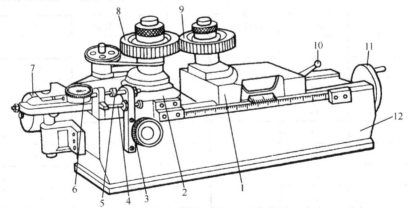

1—固定滑座；2—可移动滑座；3—手轮；4—销钉；5—螺钉；6—指示表；
7—记录器；8—测量齿轮；9—被测齿轮；10—手柄；11—手轮；12—底座

图 1-120 齿轮双面啮合综合测量仪

该量仪用于测量圆柱齿轮（测量范围：模数 1～10mm，中心距 50～300mm），安装上附件，还可以测量圆锥齿轮和蜗轮副。

三、测量原理

齿轮的双啮精度指标为齿轮径向综合总偏差和一齿径向综合偏差。

双面啮合检测需要借助于精度足够高（比被测齿轮至少高 4 级）的测量齿轮进行测量。齿轮径向综合总偏差 $\Delta F_i''$ 是指被测齿轮与测量齿轮双面啮合检测时（被测齿轮的左、右齿面同时与测量齿轮的齿面接触），在被测齿轮一转内双啮中心距的最大值与最小值之差。一齿径向综合偏差 $\Delta f_i''$ 是指被测齿轮与测量齿轮双面啮合检测时，在被测齿轮一转中对应一个齿距角范围内的双啮中心距的变动量，取其中的最大值 $\Delta f_{i\,max}''$ 作为评定值。

$\Delta F_i''$ 和 $\Delta f_i''$ 都属于齿轮的非强制性检测精度指标。按 GB/T 10095.2 — 2008 的规定，在一定条件下，它们可以分别用来评定精度等级为 4～12 级的齿轮的传递运动准确性和传动平稳性。

$\Delta F_i''$ 和 $\Delta f_i''$ 用齿轮双面啮合综合测量仪（双啮仪）来测量。如图 1-121（a）所示，被测齿轮 2 安装在测量时位置固定的滑座 1 的心轴上，测量齿轮 3 安装在测量时可径向移动的滑座 4 的心轴上，利用弹簧 6 的作用，使两个齿轮进行无侧隙的双面啮合。齿轮 2 和 3 双面啮合时的中心距 a'' 称为双啮中心距。测量时，转动被测齿轮 2，带动测量齿轮 3 转动。被测齿轮的几何偏心、齿廓偏差和齿距偏差等误差，使测量齿轮 3 连同心轴和滑座 4 相对于被测齿轮 2 的基准轴线进行径向位移，即双啮中心距 a'' 发生变化。双啮中心距的变化 $\Delta a''$ 可由指示表 7 读出，或由记录器 5 记录下来而得到径向综合偏差曲线，如图 1-121（b）所示。

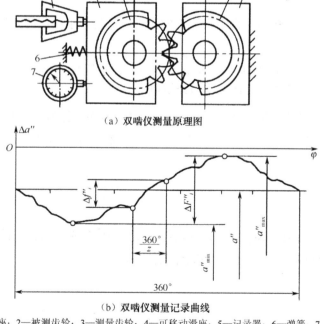

（a）双啮仪测量原理图

（b）双啮仪测量记录曲线

1—固定滑座；2—被测齿轮；3—测量齿轮；4—可移动滑座；5—记录器；6—弹簧；7—指示表；
φ—被测齿轮的转角；a''—双啮中心距；$\Delta a''$—指示表示值；z—被测齿轮的齿数

图 1-121　齿轮双面啮合综合测量

从图 1-121（b）可看出，在被测齿轮一转范围内，指示表 7 反映出的最大示值 a_{max}'' 与最小示值 a_{min}'' 之差即为双啮中心距的变动量，它就是齿轮的径向综合总偏差 $\Delta F_i''$。在被测齿轮一个齿距角范围内，指示表 7 反映出的双啮中心距的变动量即为一齿径向综合偏差 $\Delta f_i''$。

四、实验步骤

参看图 1-120。

1. 将测量齿轮 8 和被测齿轮 9 分别安装在可移动滑座 2 和固定滑座 1 的心轴上。按逆时针方向转动手轮 3，直至手轮 3 转动到滑座 2 向左移动被销钉 4 挡住为止。这时，滑座 2 大致停留在可移动范围的中间。然后，松开手柄 10，转动手轮 11，使滑座 1 移向滑座 2，当这两个齿轮接近双面啮合时，将手柄 10 压紧，使滑座 1 的位置固定。之后，按顺时针方向转动手轮 3，由于弹簧的作用，滑座 2 向右移动，这两个齿轮便进行无侧隙的双面啮合。

2. 调整螺钉 5 的位置，使指示表 6 的指针因弹簧压缩而正转 1～2 转，然后把螺钉 5 的紧定螺母拧紧。转动指示表 6 的表盘，把表盘的零刻线对准指示表的长指针，确定指示表的示值零位。使用记录器 7 时，应在滚筒上裹上记录纸，并把记录笔调整到中间位置。

（3）测量。使被测齿轮 9 旋转一转，记录指示表的最大示值与最小示值。

使被测齿轮 9 转动一个齿距角，记下指示表在这一转角范围内的最大示值与最小示值之差，作为一次测量结果。这样在被测齿轮一转范围内均匀间隔的几个部位分别测量几次，记录各次测量的结果。

如果使用记录器 7，将得到如图 1-121（b）所示的径向综合偏差曲线，可以从该曲线上测量后得到 $\Delta F_i''$ 和 $\Delta f_i''$ 的数值。

五、测量数据处理

（1）在被测齿轮旋转一转的过程中指示表的最大示值与最小示值的差值，即为径向综合总偏差 $\Delta F_i''$ 的数值。

（2）计算被测齿轮一个齿距角范围内指示表的最大示值与最小示值之差，从中取最大值 $\Delta f_{i\,\max}''$ 作为被测齿轮的一齿径向综合偏差的评定值。

（3）根据测量结果评定被测齿轮相应参数的合格性。合格条件为：被测齿轮的 $\Delta F_i''$ 不大于齿轮径向综合总偏差允许值 F_i''（$\Delta F_i'' \leqslant F_i''$），$\Delta f_{i\,\max}''$ 不大于一齿径向综合偏差允许值 f_i''（$\Delta f_{i\,\max}'' \leqslant f_i''$）。

六、思考题

（1）齿轮径向综合总偏差 $\Delta F_i''$ 和一齿径向综合偏差 $\Delta f_i''$ 分别反映齿轮的哪些加工误差？

（2）齿轮双面啮合综合测量的优点和缺点是什么？

第 2 章

机械原理实验

2.1 常见机构认识

一、实验目的

（1）通过观看由 10 个电动陈列柜组成的演示过程，初步了解"机械原理"课程所研究的各种常用机构的结构、类型、特点以及应用实例。

（2）增强学生对机构与机器的感性认识，配合"机械原理"课程的学习。

二、实验方法

电动陈列柜展示各种常用机构的模型，通过模型的动态展示，增强学生对机构与机器的感性认识。实验教师只做简单介绍，提出问题，供学生思考。学生通过观察，对常用机构的结构、类型、特点有一定的了解，为学习"机械原理"课程奠定了基础。

三、实验内容

机械原理陈列柜各柜内容见表 2-1。

表 2-1　机械原理陈列柜各柜内容

序　　号	陈列柜名称	陈列柜内容
第一柜	机构的组成	两种机器及各种运动
第二柜	齿轮机构的类型	平面和空间齿轮机构的常见类型
第三柜	齿轮的基本参数	渐开线形成、齿轮各部分名称及五个基本参数
第四柜	轮系的类型	平面和空间定轴轮系，周转轮系的类型
第五柜	轮系的功能	轮系的六种功能，摆线针轮、谐波减速器
第六柜	凸轮机构	凸轮机构类型、推杆形状，凸轮机构封闭方式
第七柜	平面连杆机构类型	铰链四杆机构的基本类型及其演化方式
第八柜	平面连杆机构应用	平面连杆机构在八种机器上的应用示例
第九柜	间歇运动机构	棘轮机构、槽轮机构、不完全齿轮机构
第十柜	组合机构	联动凸轮、凸轮齿轮、凸轮连杆、齿轮连杆机构

（一）第一柜　机构的组成

如图 2-1 所示，陈列柜中展示了单缸汽油机和蒸汽机模型。单缸汽油机把燃气的热能通过曲柄滑块机构转换成曲柄转动的机械能，采用齿轮机构来控制各气缸的点火时间，同时还采用凸轮机构来控制进气阀和排气阀的开关。蒸汽机模型采用了曲柄滑块机构，将蒸汽的热能转换为曲柄转动的机械能，用连杆机构来控制进气和排气的方向，以实现倒顺车。

从以上两部机器模型可以看到，它们有一个共同特点，即机器是由机构组成的，当有多个机构时，它们应当按照一定要求相互配合。所以只要分别掌握各类机构的运动本质，研究任何机器就不困难了。

在机械原理中，运动副是以两构件的直接接触形式的可动连接及运动特征来命名的。例如高副、低副、转动副、移动副等。

（二）第二柜　齿轮机构的类型

如图 2-2 所示，齿轮机构是现代机械中应用最广泛的一种传动机构。具有传动准确、可靠、运转平稳、承载能力大、体积小、效率高等优点，广泛应用于各种机器中。根据轮齿的形状，齿轮分为直齿圆柱齿轮、斜齿圆柱齿轮、圆锥齿轮及蜗轮、蜗杆。根据主、从动轮的两轴线相对位置，齿轮传动分为平行轴传动、相交轴传动、交错轴传动三大类。

图 2-1　机构的组成　　　　　图 2-2　齿轮机构的类型

（1）平行轴传动的类型有外、内啮合直齿轮机构，斜齿圆柱齿轮机构，人字齿轮机构，齿轮齿条机构等。其中，外啮合直齿圆柱齿轮机构是齿轮机构中最简单、最基本的一种类型，在学习上，一般以它为研究重点，从中找出齿轮传动的基本规律，并以此为指导去研究其他齿轮机构。

（2）相交轴传动的类型有圆锥齿轮机构，轮齿分布在一个截锥体上，两轴线夹角常为 90°。

（3）交错轴传动的类型有螺旋齿轮机构、圆柱蜗轮蜗杆机构、弧面蜗轮蜗杆机构等。

在参观这部分时，学生应注意了解各种机构的传动特点、运动状况及应用范围等。

（三）第三柜　齿轮的基本参数

如图 2-3 所示，齿轮基本参数有齿数 z、模数 m、分度圆压力角 α、齿顶高系数 h^*、顶隙系数 c^* 等。

首先需要掌握：什么是渐开线？渐开线是如何形成的？什么是基圆和渐开线发生线？并注意观察基圆、发生线、渐开线三者间关系，从而得出渐开线有什么性质？

观察摆线的形成，要了解什么是发生圆？什么是基圆？动点在发生圆上位置发生变化时，能得到什么样的轨迹摆线？同时还要通过参观，总结出齿数、模数、压力角等参数变化对齿形有何影响？

（四）第四柜　轮系的类型

如图 2-4 所示，由多对齿轮组成的传动系统称为轮系。在轮系中有一个或几个齿轮的几何轴线绕固定轴线回转的轮系称为周转轮系。通过各种类型的周转轮系的动态模型演示，学生应该了解什么是定轴轮系？什么是周转轮系？根据自由度不同，周转轮系又分为行星轮系和差动轮系。它们有什么差异和共同点？差动轮系为什么能将一个运动分解为两个运动或将两个运动合成为一个运动？注意观察动态演示过程中各构件的运动情况。

图 2-3　齿轮的基本参数　　　　　图 2-4　轮系的类型

（五）第五柜　轮系的功能

如图 2-5 所示，周转轮系的功用、形式很多，各种类型都有它自己的缺点和优点。在今后的应用中应如何避开缺点，发挥优点是需要学生实验后认真思考和总结的问题。

（六）第六柜　凸轮机构

如图 2-6 所示，凸轮机构常用于把主动构件的连续运动转变为从动件严格地按照预定规律的运动。只要适当设计凸轮廓线，便可以使从动件获得任意的运动规律。由于凸轮机构结构简单、紧凑，因此广泛应用于各种机械、仪器及操纵控制装置中。

图 2-5　轮系的功能　　　　　　　图 2-6　凸轮机构

凸轮机构主要由三部分组成，即凸轮、从动件及锁合装置。

凸轮具有特定的轮廓曲线，其轮廓曲线是由从动件的运动规律决定的。根据凸轮的形状不同，可分为盘形凸轮、移动凸轮和圆柱凸轮。

从动件是由凸轮的廓线控制，按预期的规律进行往复移动或摆动。从动件端部的结构形式有尖端、滚子和平底三种。

锁合装置（封闭装置）是使凸轮和从动件在运动过程中，始终保持接触而采用的装置。根据锁合方式不同，可分为力锁合和几何锁合，常用的有槽凸轮机构、等宽凸轮机构、等径凸轮机构和主回凸轮机构等。凸轮机构的类型较多，学生在参观这部分时应了解各种凸轮的特点和结构，找出其中的共同特点。

图 2-7　平面连杆机构的类型

（七）第七柜　平面连杆机构的类型

如图 2-7 所示，平面连杆机构中结构最简单、应用最广泛的是四杆机构。四杆机构分成三大类，即铰链四杆机构、单移动副机构和双移动副机构。

1．铰链四杆机构

铰链四杆机构分为曲柄摇杆机构、双曲柄机构、双摇杆机构，即根据两连架杆为曲柄或摇杆来确定。

（1）曲柄摇杆机构：是以最短杆的邻杆为机架，而最短杆能相对机架做 360°的回转，故称为曲柄。在曲柄等速运转时，摇杆做变速摆动，在右面的机构中摆杆向右面摆动慢，而向左面摆动快，这种现象称为急回特性。

（2）双曲柄机构：当取最短杆为机架时，这时与机架相连的两杆均成为曲柄，所以这个机构称为双曲柄机构。注意观察，当一个曲柄等速运转时，而另一个曲柄在右半周内转动慢，在左半周转动快。双曲柄机构也具有急回特性。

（3）双摇杆机构 I：当取蓝色的杆为机架，则与机架相连的两杆均不能进行整周回转，而只能来回摆动，所以此机构称为双摇杆机构。

从上面机构的运动中可以看到：在有曲柄存在的条件下，取不同的构件为机架，可以得到铰链四杆机构的三种形式。

（4）双摇杆机构 II：从外表看它与上面的铰链四杆机构相似，但它的红蓝白三杆长度是相等的。因此，同样由黑杆作为机架，但得不到曲柄，并且无论取哪个杆为机架均没有曲柄出现。

2．单移动副机构

单移动副机构是以一个移动副代替铰链四杆机构中的一个转动副演化而成的，可分为曲柄滑块机构、曲柄摇块机构、转动导杆机构及摆动导杆机构等。

曲柄滑块机构是应用最多的单移动副机构，可以将转动变为往复移动，或将往复移动变为转动。但是，当曲柄匀速转动时，滑块的速度是非匀速的，取不同构件为机架，还可以得到下面几种不同运动形式的单移动副机构。

3．双移动副机构

双移动副机构是带有两个移动副的四杆机构，把它们倒置可得到曲柄移动导杆机构、双滑块机构及双转块机构。

（八）第八柜　平面连杆机构的应用

如图 2-8 所示，平面连杆机构的应用柜展示了颚式破碎机、"飞剪"、压包机、铸造造型机翻转机构、电影摄影机升降传动机构和港口起重机机构。

1．颚式破碎机

颚式破碎机用于粉碎矿石，它是一个平面四杆机构。

2．"飞剪"

"飞剪"是武钢冷扎厂带钢自动连续剪切线上的"飞剪"。剪切钢板的工艺要求是：剪切区域内上下两个刀刃的运动，在水平方向的分速度相等，而且又等于钢板的运行速度。这里采用了曲柄摇杆机构，它是很巧妙的利用连杆上的一点的轨迹和摇杆上一点的轨迹相结合来完成剪切工作。机构很简单却满足了较复杂的运动要求。

图 2-8　平面连杆机构的应用

3．压包机

压包机要求冲头在完成一次压包冲程后有一段停歇时间，以便于进行上下料工作。大家可以看到冲头滑块在最上端位置时有一段停歇时间。

4．铸造造型机翻转机构

铸造造型机翻转机构是一个双摇杆机构。当砂箱在振实后，利用该机构的连杆将砂箱由下面经过 180°的翻转搬运到上面位置，然后取模，完成一次造型工艺。这是实现两个给定的不同位置要求的结构。

5. 电影摄像机升降传动机构

电影摄影机升降传动机构要求在升降过程中始终保持原有的水平位置。这里采用了一个平行四边形机构。工作台设在它的连杆上，这样就保证了工作台在升降过程中保持水平位置。

6. 港口起重机机构

港口起重机的传动机构是一个双摇杆机构。在连杆上的某一点有一段近似直线的轨迹，起重机的吊钩就是利用这一直线轨迹，使重物做水平移动，避免不必要的升降重物而消耗能量。

（九）第九柜　间歇运动机构

如 2-9 所示，其他常用间歇运动机构常见的有棘轮机构、摩擦式棘轮机构、槽轮机构、不完全齿轮机构、凸轮式间歇运动机构、万向节及非圆齿轮机构等。通过各种机构的动态演示，学生应知道各种机构的运动特点及应用范围。

（十）第十柜　组合机构

如图 2-10 所示，组合机构是由几个基本机构组合而成。基本机构有一定的局限性，无法满足多方面的要求。组合机构扩大了基本机构的使用范围，综合了基本机构的优点，因此得到了广泛的应用。展柜中展示有凸轮—连杆，齿轮—连杆，凸轮—凸轮，凸轮—齿轮等组合机构，这些机构实际应用在机器设备、仪器仪表的运动机构。从这里可以看出，机器都是由一个或几个机构按照一定的运动要求串、并联组合而成的。所以在学习"机械原理"课程中一定要掌握好各类基本机构的运动特性，才能更好地去研究任何机构（复杂机构）特性。

图 2-9　间歇运动机构　　　　　　　　　　图 2-10　组合机构

四、实验步骤

（1）在单片机上键入 0800，将光盘放入播放机开始播放，待听到"同学们"的话语时，按"EXCET"键即可实现，此时显示管不亮，演示柜红灯亮，如中途停止，按"复位"键。

（2）展示柜编号：第一柜 0800，第二柜 0801，第三柜 0900，第四柜 0980，第五柜 0A00，第六柜 0A80，第七柜 0B00，第八柜 0B80，第九柜 0C00，第十柜 0C80。

（3）运行总时间为 56 分 30 秒。

五、思考题

（1）何谓机构？机器是由什么组成的？

（2）铰链四杆机构的三种基本形式是什么？常用的演化方式有哪些？

（3）连杆机构具体应用在哪些机械上？

（4）凸轮机构由哪三部分组成？何谓主动件？

（5）根据凸轮的形状不同，可分为哪三类？根据推杆的形状不同，可分为哪三类？从动件的运动形式有哪些？

（6）根据齿轮的形状不同，齿轮分为哪几类？

（7）齿轮的常用齿廓曲线是什么？何谓渐开线？

（8）齿轮的基本参数有哪些？

（9）齿轮系的类型有哪些？何谓周转轮系？

（10）轮系具有哪些用途？

（11）常用的间歇运动机构有哪些？

（12）通过参观常见机构的演示，你有何体会？

2.2 机构运动简图测绘

一、实验目的

（1）初步掌握根据实际机器或机构模型绘制机构运动简图的方法和技能。

（2）验证和巩固机构自由度的计算方法。

（3）通过对实际机构的比较，巩固对机构结构分析的了解和掌握。

（4）观察和体会各种机构中的运动转换及其传递过程。

二、实验设备和工具

（1）联合收割机播禾轮传动升降机构。

（2）拖拉机悬挂机构。

（3）自备卷尺、三角尺、圆规、铅笔、橡皮、稿纸等。

三、实验原理

在对现有机械设备进行结构、运动、动力分析或设计新的机械设备时，都需要运用其机构运动简图。机构各部分的运动是由其原动件的运动规律，机构中各运动副的数目、类型，运动副相对位置和构件的数目来确定的，它与构件的外形、截面尺寸、组成构件的零件数目及运动副的具体构造等无关。所以，只要根据机构的运动尺寸，按一定的比例尺确定出各运动副的位置，就可以用运动副的代表符号（见表 2-2）和简单的线条把机构的运动简图画出来。

表 2-2　常用运动副、构件的表示法（选自 GB4460）

1. 机构运动简图

机构的运动简图是工程上常用的一种图形，是抛开构件的复杂外形和运动副的具体结构，用国标规定的简单线条和规定的符号来代表每一个构件和运动副，并按一定的比例将机构的运动特征表达出来的简单图形称为机构运动简图。机构运动简图与原机构具有完全相同的运动特性，因而可以根据该图对机构进行运动分析和动力分析。

2. 机构运动简图的测绘方法

1）分析运动情况

绘制机构运动简图时，首先要把该机器的实际构造和运动情况搞清楚。为此，应先确定出其原动件和从动件，再使被测机器或模型缓慢运动，然后按照运动的传递路线把原动件和从动件之间的各构件的运动情况观察清楚，尤其应注意有微小运动的构件，分清各构件间的接触情况及相对运动的性质，从而确定组成机构的运动构件数目、连接次序和运动副数目、种类等。

2）选择投影面

投影面的选择应以能简单清楚地把机构运动情况正确地表达出来为原则。一般应先确定机构原动件的位置，原则是选择机构中的每一构件均能清楚地表达出来的最佳位置（避免构件间的交叉和重叠），然后将机构投影到与多数构件的运动平面相平行的平面上。必要时可就机器的不同部分选择两个或两个以上的投影面，不过应尽量减少投影面。

3）选择适当的比例尺

在确定了原动件和投影面以后，就可以测量机构的运动尺寸了，按着一定的比例尺画出各构件和各运动副之间的相对位置。

3．机构运动简图的绘制

绘制机构运动简图时，构件和运动副的表示应尽量采用国家制图标准中规定的符号表示。

四、实验步骤

（1）选择机器，了解被测机器的名称和用途。

（2）仔细观察被测机器，缓慢地转动被测的机器，从原动件开始观察机构的运动，确定出机架、原动件和从动件。

（3）从原动件开始按照运动传递路线直到执行构件，仔细观察和分析相互连接的两零件间是否有相对运动，弄清各构件的运动情况，确定构件数目、运动副数目和种类。

（4）选择最佳投影状态（原动件位置）并选择合理的投影面。一般选择能够表达机构中多数构件的运动平面为投影面。

（5）绘制机构的运动简图的草图。首先将原动件固定在适当的位置，（避开构件之间重合）大致定出各运动副之间的相对位置，用规定的符号画出运动副，并用线条连接起来。从原动构件开始，逐步画出机构运动简图的草图，用数字 1，2，3…及字母 A，B，C…分别标注相应的构件和运动副，并用箭头表示原动件的运动方向和运动形式，量出机构对应运动副间的尺寸，再将草图按比例画入实验报告中。

$$\mu_l = \frac{\text{机构中的实际尺寸}/\text{m}}{\text{图示尺寸}/\text{mm}}$$

（6）自由度，并与实际机构对照，观察原动件数与自由度是否相等，计算公式为

$$F = 3n - 2P_L - P_H \tag{2-1}$$

（7）进行结构分析，并判断机械的级别。

（8）示例：绘制如图 2-11（a）所示的小型压力机的机构运动简图。

【解】该小型压力机的工作原理是电机带动偏心轮 1′做顺时针转动，通过构件 2、3 将主运动传给构件 4，同时另一路运动自与偏心轮 1′固连的齿轮 1 输出，经齿轮 8 及与其固连的槽型凸轮 8′传递给构件 4，两路运动经构件 4 合成，由滑块 6 带动压头 7 做上下移动，实现冲压工艺动作。显然该压力机的机架是构件 0，原动件为组件 1-1′，其他为从动件。

仔细观察各连接构件之间的相对运动特点后可知，构件 0 和 1（1′）、1′和 2、2 和 3、3 和 4、4 和 5、6 和 7，以及 0 和 8（8′）之间构成转动副，而构件 0 和 3、4 和 6，以及 0 和 7 之间构成移动副，高副在 1 和 8、8′和 5 之间形成。

选定视图投影面及比例尺 $\mu_l = 0.001\text{m/mm}$，顺序确定转动副 A、H 和移动副导路 D、M 的位

置，根据原动件 1' 的位置及各杆长等绘出转动副 B、C、E、F、J 的位置按规定符号绘出各运动副（包括高副 G、N）及各构件等，最后得到该压力机的机构运动简图，如图 2-11（b）所示。

由上述分析可知，该机构活动杆件数为 8，转动副数为 7，移动副数为 3，高副为 2。但构件 4 与凸轮 8' 之间以滚子 5 实现滚动接触，故此处引进了一个局部自由度应排除（即设想将滚子与构件 4 焊成一体）。这样 $n=7$，$P_L=9$，$P_H=2$，计算自由度可得。

$$F = 3n - 2P_L - P_H = 3 \times 7 - 2 \times 9 - 2 = 1$$

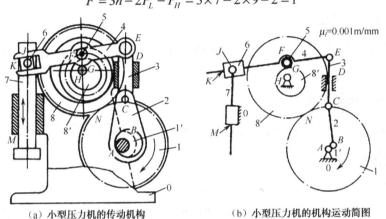

（a）小型压力机的传动机构   （b）小型压力机的机构运动简图

图 2-11　压力机的传动机构

（9）根据示例，观察、分析东风-5 联合收获机播禾轮传动升降机构、拖拉机悬挂机构，现场测量机构的实际尺寸，并绘制出机构运动简图草图。

五、实验结果

（1）绘制机构运动简图。

（2）分析机构运动简图，确定出活动构件数 n、运动副（低、高副数量 P_L、P_H）。

（3）计算自由度 F，并确定机构是否有确定的运动。

六、思考题

（1）什么是机构运动简图？

（2）一个正确的"机构运动简图"能说明哪些问题？

（3）绘制机构运动简图时，原动件的位置为什么可以任意选定？会不会影响简图的正确性？

（4）机构具有确定运动的条件是什么？

（5）机构自由度的计算对测绘机构运动简图有何帮助？

（6）在绘制机构运动简图时，长度比例尺及投影面应怎样选择？

（7）什么是复合铰链、局部自由度？在计算机构自由度时如何处理？

2.3　齿轮范成实验

一、实验目的

（1）掌握用范成法加工渐开线齿轮齿廓的基本原理，观察齿廓渐开线部分及过渡曲线部分的形成过程。

（2）熟悉渐开线齿廓的基本特征，掌握齿轮各部分的名称及基本尺寸的计算。

（3）了解渐开线齿轮齿廓的根切现象和用变位避免根切的方法。

（4）分析比较标准齿轮与变位齿轮齿形的异同。

二、实验量仪说明

1. CFY-C 型齿轮范成仪

齿轮范成仪结构如图 2-12 所示，圆盘 6 代表被切削加工的齿轮毛坯平放在底座 5 上，当模数 m 一定时，其直径大小与被切齿轮齿数有关。代表齿条刀具的齿条 1 的模数 $m=20\text{mm}$，压力角 $\alpha=20°$，通过螺钉安装在基座上。齿条刀具的齿根高为 1.25mm，齿顶高也为 1.25mm，齿顶上端 0.25m 处不是直线，而是圆弧，用于加工齿轮齿根部分的过渡曲线。为了模拟齿轮加工过程，齿轮毛坯 3 面上的齿轮 4 与范成仪滑板齿 2 啮合，保证了毛坯的分度圆沿着齿条刀具的度线进行无滑动的纯滚动。由于该范成仪上的齿条刀具已被固定，故毛坯的运动既有转动又有移动，以维持齿轮毛坯与切削刀具间的原有范成运动关系。在毛坯与切削刀具啮合对滚的过程中，刀具刀刃将毛坯齿槽部分的材料切掉，进而得到齿轮的渐开线齿形。

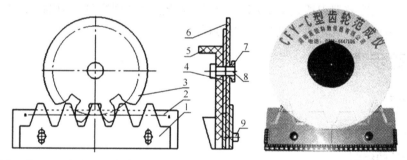

1—齿条刀具；2—滑板齿；3—齿轮毛坯；4—齿轮；5—底座；6—圆盘；7—压紧螺母；8—小轴；9—螺母

图 2-12　CFY-C 型齿轮范成仪

1）齿条的固定

（1）齿条中线对准范成仪右端刻度值的零位置时，齿条刀具中线恰好与齿轮毛坯的分度圆相切，这样加工出的齿轮为标准齿轮。

（2）若移动滑板，改变齿条中线相对于齿轮毛坯中心的位置，使刀具移远或移近 xm 距离（移距数值可以在刻度尺上读出），则加工出的齿轮便是变位齿轮。

2）纸质毛坯的安装

预先沿比齿顶圆稍大一点的圆周剪下毛坯周边，然后沿圆周线剪通中心孔（或用针沿圆周线扎小孔，最后打通）。退下圆螺母和压板，将毛坯套在中心轴上，再装上压板，拧入螺母，把毛坯压紧在扇形板上，后者与中心轴构成回转副可相对转动。中心轴用一特制螺栓和蝶形螺母（扇形板下面，未画出）固定在机座上。螺栓孔也为条形，有两个，靠外面一个孔，用于加工 $m=10\text{mm}$，$z=20$ 的齿轮，另一个孔用于加工 $m=20$，$z=10$ 的齿轮。

2．实验用文具

铅笔、橡皮、剪刀、圆规、三角尺、绘图纸（学生自备）。

三、实验原理

由齿轮啮合原理可知：一对渐开线齿轮（或齿轮和齿条）啮合传动时，两轮的齿廓曲线互为包络线。范成法就是利用这一原理来加工齿轮的。用范成法加工齿轮时，其中一轮为形同齿轮或齿条的刀具，另一轮为待加工齿轮的轮坯。刀具与轮坯都安装在机床上，在机床传动链的作用下，刀具与轮坯按齿数比做定传动比的回转运动，与一对齿轮（它们的齿数分别与刀具和待加工齿轮的齿数相同）的啮合传动完全相同。在对滚中刀具齿廓曲线的包络线就是待加工齿轮的齿廓曲线。与此同时，刀具还一面做径向进给运动（直至全齿高），另一面沿轮坯的轴线做切削运动，这样刀具的刀刃就可切削出待加工齿轮的齿廓。由于在实际加工时看不到刀刃包络出齿轮的过程，故通过齿轮范成实验来表现这一过程。在实验中所用的齿轮范成仪相当于用齿条型刀具加工齿轮的机床，待加工齿轮的纸坯与刀具模型都安装在范成仪上，由范成仪来保证刀具与轮坯的对滚运动（待加工齿轮的分度圆线速度与刀具的移动速度相等）。对于在对滚中的刀具与轮坯的各个对应位置，依次用铅笔在纸上描绘出刀具的刀刃廓线，每次所描下的刀刃廓线相当于齿坯在该位置被刀刃所切去的部分。这样就能清楚地观察到刀刃廓线逐渐包络出待加工齿轮的渐开线齿廓，形成轮齿切削加工的全过程。

四、实验步骤

1．准备轮坯

按照指导教师的要求剪好轮坯纸。

2．标准齿轮的绘制

（1）松开螺母，取下压板，将轮坯纸放在圆盘上，轮坯纸上 $x=0$ 的区域转到下方正中。

（2）调节齿条刀具，使刀具标线对准滑板两侧标尺上的 0 线，此时刀具中线与轮坯分度圆相切，然后旋紧旋钮及螺母。

（3）开始"切制"齿廓时，先将滑板推向左端，然后用左手将滑板向右推进 2～3mm，右手用铅笔在轮坯纸上描下刀具刀刃齿廓。随后依此重复，直到刀具推到右端为止，轮坯上所描下的一系列刀具齿廓所包络出的曲线就是渐开线齿形。最后用铅笔钩下一个你认为是完整的齿形（即用"√"表示）。

3．正变位齿轮的绘制

（1）松开旋钮，将轮坯纸旋转 120°，使纸坯上印好的 $x=0.5$ 的区域位于下方正中，旋紧旋钮。松开螺母，将齿条刀具远离轮坯中心 xm 距离，其数据可在标尺上读出，然后将螺母拧紧。

（2）重复标准齿轮绘制方法的步骤（3）。

4．负变位齿轮的绘制

负变位齿轮的绘制方法和步骤与正变位齿轮基本相同，其不同的是将齿条刀具向着轮坯中心移动 $|xm|$ 距离。

5. 结束

绘制完毕后取下图纸，并将范成仪恢复到最初状态。

五、实验结果

（1）按照上述过程绘制出的标准齿轮、正变位和负变位齿轮轮廓形状，如图 2-13 所示，其中阴影部分为齿槽，实际加工时将被切掉。

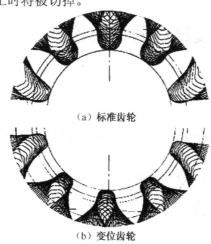

（a）标准齿轮

（b）变位齿轮

图 2-13　范成法绘制齿轮轮廓

（2）实验数据记录见表 2-3。

表 2-3　齿轮的基本参数见表　　　　　　　　　　　　　　（单位：mm）

名　称	符　号	计算公式	标准齿轮	正变位齿轮	负变位齿轮
齿数	Z				
模数	m				
变位量	xm				
分度圆直径	d	$d=mz$			
基圆直径	d_b	$d_b=d\cos\alpha$			
齿顶圆直径	d_a	$d_a=d+2(h_a^*+x)m$			
齿根圆直径	d_f	$d_f=d-2(h_a^*+c^*-x)m$			
分度圆齿距	P	$p=\pi\cdot m$			
齿顶高	h_a	$h_a=h_a^*m+xm$			
齿根高	h_f	$h_f=(h_a^*+c^*-x)m$			
从齿廓图上量出下列参数					
分度圆齿厚	s	$s=\pi m/2+2xm\tan\alpha$			
齿顶圆齿厚					
齿根圆齿厚					
是否根切					

注：表中 $\alpha=20°$，$h_a^*=1$。

六、思考题

（1）记录得到的标准齿轮和正变位齿轮的渐开线是否相同？为什么？

（2）通过实验，你所观察到的根切现象是由什么原因引起的？如何避免根切？

（3）如果是负变位齿轮，那么齿廓形状和主要参数尺寸又发生了哪些变化？

（4）齿条刀具的齿顶高和齿根高为什么都等于$(h_a^* + c^*)m$？

（5）用齿条加工标准齿轮和变位齿轮时，刀具和轮坯的相对位置和相对运动有何要求？为什么？

（6）正变位齿轮与标准齿轮相比，齿顶圆齿厚、分度圆齿厚、齿根圆齿厚有什么变化？

2.4　基于机构组成原理的拼接设计

一、实验目的

（1）加深学生对机构组成原理的认识，进一步了解机构组成及其运动特性。

（2）培养学生的工程实践动手能力。

（3）培养学生创新意识及综合设计的能力。

二、实验设备和工具

1．创新组合模型一套

（1）五种平面低副Ⅱ级组，四种平面低副Ⅲ级组，各杆长可在 80～340mm 内无级调整，其他各种常见的杆组可根据需要自由装配。

（2）两种单构件高副杆组。

（3）八种轮廓的凸轮构件，其从动件可实现以下 8 种运动规律。

① 等加速等减速运动规律上升 20mm，余弦规律回程，推程运动角180°，远休止角 30°，近休止角 30°，回程运动角 120°，凸轮标号为 1。

② 等加速等减速运动规律上升 20mm，余弦规律回程，推程运动角180°，远休止角 30°，回程运动角 150°，凸轮标号为 2。

③ 等加速等减速运动规律上升 20mm，余弦规律回程，推程运动角 180°，回程运动角 150°，近休止角 30°，凸轮标号为 3。

④ 等加速等减速运动规律上升 20mm，余弦规律回程，推程运动角 180°，回程运动角 180°，凸轮标号为 4。

⑤ 等加速等减速运动规律上升 35mm，余弦规律回程，推程运动角180°，远休止角 30°，近休止角 30°，回程运动角 120°，凸轮标号为 5。

⑥ 等加速等减速运动规律上升 35mm，余弦规律回程，推程运动角180°，远休止角 30°，回程运动角 150°，凸轮标号为 6。

⑦ 等加速等减速运动规律上升 35mm，余弦规律回程，推程运动角 180°，回程运动角 150°，近休止角 30°，凸轮标号为 7。

⑧ 等加速等减速运动规律上升 35mm，余弦规律回程，推程运动角 180°，回程运动角 180°，凸轮标号为 8。

（4）模数相等齿数不同的 7 种直齿圆柱齿轮，其齿数分别为 17、25、34、43、51、59、68，可提供 21 种传动比；与齿轮模数相等的齿条一个。

（5）旋转式电机一台，其转速为 10r/min。

（6）直线式电机一台，其速度为 10m/s。

2．工具

平口起子和活动扳手各一把。

三、实验原理

1．杆组的概念

由于平面机构具有确定运动的条件是机构的原动件数目与机构的自由度数相等，因此机构由机架、原动件和自由度为零的从动件系统通过运动副连接而成。将从动件系统拆成若干个不可再分的自由度为零的运动链，称为基本杆组，简称杆组。

根据杆组的定义，组成平面机构杆组的条件是：

$$F = 3n - 2P_L - P_H$$

式中　n——构件数；

　　　P_L——低副数；

　　　P_H——高副数（必须是整数）。

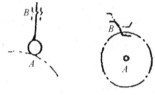

图 2-14　单构件高副杆组

由此可以获得各种类型的杆组。当 $n=1$，$P_L=1$，$P_H=1$ 时即可获得单构件高副杆组，如图 2-14 所示。

当 $P_H = 0$ 时，称之为低副杆组，即

$$F = 3n - 2P_L \tag{2-2}$$

因此满足上式的构件数和运动副数的组合为：$n = 2，4，6\cdots$，$P_L = 3，6，9\cdots$。最简单的杆组为 $n = 2$，$P_L = 3$，称为 II 级组，由于杆组中转动副和移动副的配置不同，II 级组共有如图 2-15 所示的五种形式。

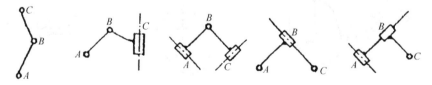

图 2-15　平面低副 II 级组

当 $n = 4$，$P_L = 6$ 时的杆组形式很多，机构创新模型已有如图 2-16 所示的几种常见的 III 级杆组。

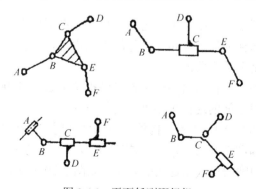

图 2-16　平面低副 III 级组

2．机构的组成原理

根据如上所述，可将机构的组成原理概述为：任何平面机构均可以用零自由度的杆组依次连接到原动件和机架上的方法来组成。这是本实验的基本原理。

四、实验方法与步骤

1．正确拆分杆组

从机构中拆分杆组有以下三个步骤。

（1）先去掉机构中的局部自由度和虚约束。

（2）计算机构的自由度，确定原动件。

（3）从远离原动件的一端开始拆分杆组，每次拆分时，要求先试着拆分Ⅱ级组，没有Ⅱ级组时，再拆分Ⅲ级组等高一级组，最后剩下原动件和机架。

拆组是否正确的判定方法是：拆去一个杆组或一系列杆组后，剩余的必须为一个完整的机构或若干个与机架相连的原动件，不能有不成组的零散构件或运动副存在，全部杆组拆完后，只应当剩下与机架相连的原动件。

示例：如图 2-17 所示机构，可先除去 K 处的局部自由度，然后，按步骤（2）计算机构的自由度：$F=1$，并确定凸轮为原动件，最后根据步骤（3）的要领，先拆分出由构件 4 和 5 组成的Ⅱ级组，再拆分出由构件 6 和 7 及构件 3 和 2 组成的两个Ⅱ级组及由构件 8 组成的单构件高副杆组，最后剩下原动件 1 和机架 9。

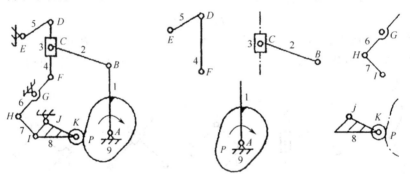

图 2-17　示例机构图

2．正确拼装杆组

将机构创新模型中的杆组，根据给定的运动学尺寸，在平板上试拼机构。拼接时，首先要分层，一方面是为了使各构件的运动在相互平行的平面内进行，另一方面是为了避免各构件间的运动发生干涉，这一点是至关重要的。

试拼之后，从最里层装起，依次将各杆组连接到机架上去。杆组内各构件之间的连接已由机构创新模型提供，而杆组之间的连接可参见下述的方法。

（1）移动副的连接，如图 2-18 所示，构件 1 与构件 2 用移动副相连的方法。

（2）转动副的连接，如图 2-19 所示，表示构件 1 与带有转动副的构件 2 的连接方法。

（3）齿条与构件以转动副的形式相连接的方法，如图 2-20 所示，表示齿条与构件以转动副的形式相连接的方法。

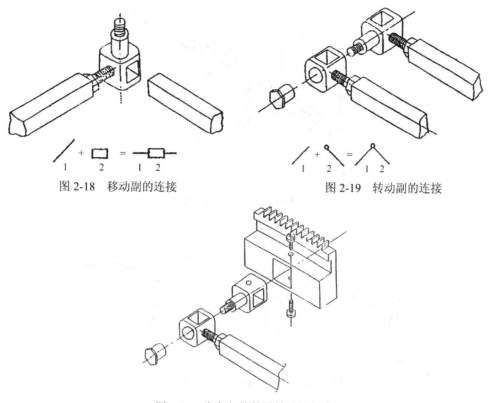

图 2-18　移动副的连接　　　　　　　　　图 2-19　转动副的连接

图 2-20　齿条与构件以转动副相连

（4）齿条与其他部分的固连，如图 2-21 表示齿条与其他部分固连的方法。

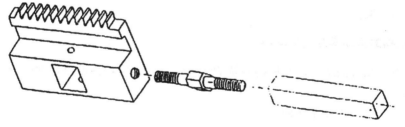

图 2-21　齿条与其他部分固连

（5）构件以转动副的形式与机架相连。

如图 2-22 所示表示连杆作为原动件与机架以转动副形式相连的方法。用同样的方法可以将凸轮或齿轮作为原动件与机架的主动轴相连。如果连杆或齿轮不是作为原动件与机架以转动副形式相连，则将主动轴换作螺栓即可。

注意：为确保机构中各构件的运动都必须在相互平行的平面内进行，可以选择适当长度的主动轴、螺栓及垫柱，如果不进行调整，机构的运动就可能不顺畅。

（6）构件以移动副的形式与机架相连。

如图 2-23 所示移动副作为原动件与机架的连接方法。

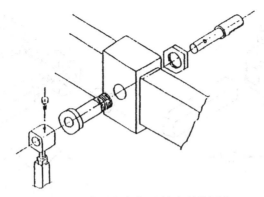

图 2-22　构件与机架以转动副的相连

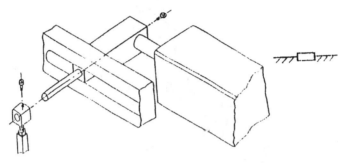

图 2-23　构件与机架以移动副的相连

3．实现确定运动

试用手动的方式驱动原动件，观察各部分的运动都畅通无阻之后，再与电机相连，检查无误后，方可接通电源。

4．分析机构的运动学及动力学特性

通过观察机构系统的运动，对机构系统的运动学及动力学特性做出定性的分析。一般包括如下几个方面：

（1）平面机构中是否存在曲柄。

（2）输出件是否具有急回特性。

（3）机构的运动是否连续。

（4）最小传动角（或最大压力角）是否在非工作行程中。

（5）机械运动过程中是否具有刚性冲击和柔性冲击。

五、实验内容

任选一题，进行一个机构系统运动方案的设计。

1．钢板翻转机

设计题目：钢板翻转机具有将钢板翻转 180° 的功能。如图 2-24 所示，钢板翻转机的工作过程如下：当钢板 T 由辊道送至左翻板 W_1 后，W_1 开始顺时针方向转动。转至铅垂位置偏左 10° 左右时，与逆时针方向转动的右翻板 W_2 会合。接着，W_1 与 W_2 一同转至铅垂位置偏右 10° 左右，W_1 折回到水平位置，与此同时，W_2 顺时针方向转动到水平位置，从而完成钢板翻转任务。

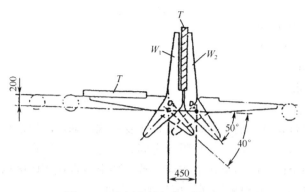

图 2-24　钢板翻转机构工作原理图

已知条件：

（1）原动件由旋转式电机驱动。

（2）每分钟翻转钢板 10 次。

（3）其他尺寸如图 2-24 所示。

（4）许用传动角$[\gamma]=50°$。

设计任务：

（1）用图解法或解析法完成机构系统的运动方案设计，并用机构创新模型加以实现。

（2）绘制出机构系统运动简图，并对所设计的机构系统进行简要的说明。

2．设计平台印刷机主传动机构

平台印刷机的工作原理是复印原理，即将铅版上凸出的痕迹借助于油墨压印到纸张上。平台印刷机一般由输纸、着墨（即将油墨均匀涂抹在嵌于版台的铅版上）、压印、收纸四部分组成。如图 2-25 所示，平台印刷机的压印动作是在卷有纸张的滚筒与嵌有铅版的版台之间进行。整部机器中各机构的运动均由同一电机驱动。运动由电机经过减速装置 I 后分成两路，一路经传动机构 I 带动版台做往复直线运动，另一路经传动机构 II 带动滚筒做回转运动。当版台与滚筒接触时，在纸上压印出字迹或图形。

版台工作行程中有三个区段（如图 2-26 所示）。在第一区段中，送纸、着墨机构相继完成输纸、着墨作业；在第二区段，滚筒和版台完成压印动作；在第三区段中，收纸机构进行收纸作业。

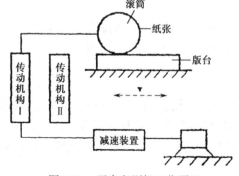

图 2-25　平台印刷机工作原理

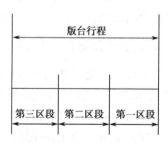

图 2-26　版台工作行程三区段

本题目所要设计的主传动机构就是指版台的传动机构 I 和滚筒的传动机构 II。

已知条件：

（1）印刷生产率 180 张/h。

（2）版台行程长度 500mm。

（3）压印区段长度 300mm。

（4）滚筒直径 116mm。

（5）电机转速 6r/min。

设计任务：

（1）设计能实现平台印刷机的主运动：版台往复直线运动，滚筒进行连续或间歇转动的机构运动方案，要求在压印过程中，滚筒与版台之间无相对滑动，即在压印区段，滚筒表面点的线速度相等，为保证整个印刷幅面上印痕浓淡一致，要求版台在压印区内的速度变化限制在一定的范围内（应尽可能小），并用机构创新模型加以实现。

（2）绘制出机构系统的运动简图，并对所设计的机构系统进行简要的说明。

3．设计玻璃窗的开闭机构

已知条件：

（1）窗框开闭的相对角度为 90°。

（2）操作构件必须是单一构件，要求操作省力。

（3）在开启位置时，人在室内能擦洗玻璃的正反两面。

（4）在关闭位置时，机构在室内的构件必须尽量靠近窗槛。

（5）机构应支撑起整个窗户的重量。

设计任务：

（1）用图解法或解析法完成机构的运动方案设计，并用机构创新模型加以实现。

（2）绘制出机构系统的运动简图，并对所设计的机构系统进行简要的说明。

4．设计坐躺两用摇动椅

已知条件：

（1）坐躺角度为 90°～150°。

（2）摇动角度为 25°。

（3）操作动力源为手动与重力。

（4）安全舒适。

设计任务：

（1）用图解法或解析法完成机构系统的运动方案设计，并用机构创新模型加以实现。

（2）绘制出机构系统的运动简图，并对所设计的机构系统进行简要说明。

5．冲压机构及送料机构设计

（1）工作原理及工艺动作过程：设计冲制薄壁零件的冲压机构及其相配套的送料机构。如图 5-27 所示，上模先以比较小的速度接近配料，然后以近似匀速进行拉延成型工作，以后，上模继续下行将成品推出型腔，最后快速返回。上模退出下模以后，送料机构从侧面将坯料送至待加工位置，完成一个工作循环。

（2）原始数据及设计要求。

① 动力源是做转动的或做直线往复运动的电机。

② 许用传动角 $[\gamma]=40°$。

③ 生产率约 10 件/min。

④ 上模的工作段长度 L=30～100mm，对应曲柄转角 θ=(1/3～1/2)π。

⑤ 上模行程长度必须大于工作段长度 2 倍以上。

⑥ 行程速度变化系数 K≥1.5。

⑦ 送料距离 H=60～250mm。

（3）设计任务。

① 设计能使上模按上述运动要求加工零件的冲压机构，从侧面将坯料送至下模上方的送料机构的运动方案，并用机构创新模型加以实现。

② 绘制出机构系统的运动简图，并对所设计的机构系统进行简要的说明。

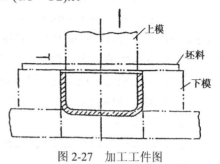

图 2-27　加工工件图

6. 糕点切片机

（1）工作原理及工艺动作过程：糕点先成型（如长方形、圆柱体等）经切片后再烘干。糕点切片机要求实现两个执行动作，即糕点的直线间歇移动和切刀的往复运动。通过两者的动作配合进行切片。改变直线间歇移动的速度或输送距离，以满足糕点不同切片厚度的需要。

（2）原始数据及设计要求。

① 糕点厚度：10～20mm。

② 糕点切片长度（即切片的高）范围：5～80mm。

③ 切刀切片时最大作用距离（即切片的宽度方向）：30mm。

④ 切刀工作节拍：10 次/min。

⑤ 生产阻力很小，要求选用的机构简单、轻便、运动灵活可靠。

⑥ 电动机：90W，10r/min。

（3）设计任务。

① 设计能够实现这一运动要求的机构运动方案，并用机构创新模型加以实现。

② 绘制出机构系统的运动简图，并对设计的系统进行简要的说明。

（4）设计方案提示。

① 切削速度较大时，切片刀口会整齐平滑，因此切刀运动方案的选择很关键，切口机构应力求简单实用、运动灵活、运动空间尺寸紧凑等。

② 直线间歇运动机构如何满足切片长度尺寸的变化要求，需认真考虑，调整机构必须简单可靠，操作方便，是采用调速方案还是采用调距方案，或者采用其他调整方案，均应对方案进行定性的分析比较。

③ 间歇运动机构必须与切刀运动机构工作协调，即全部的输送运动应在切刀返回过程中完成。需要注意的是，切口有一定的长度（即高度），输送运动必须在切刀完全脱离切口后方能开始进行，但输送机构的返回运动则可与切刀的工作行程运动在时间上有一段重叠，以利于提高生产率，在设计机器工作循环图时，就应按上述要求来选取间歇运动机构的设计参数。

7. 洗瓶机

（1）工作原理及工艺动作过程：为了清洗圆瓶子外面，需将瓶子推入同向转动的导辊上，导辊带动瓶子旋转，推动瓶子沿导轨前进，转动的刷子就会将瓶子洗净。它的主要动作是将到位的瓶子沿着导辊推动，瓶子推动过程利用导辊转动，将瓶子旋转以及刷子转动。

（2）原始数据及设计要求。

① 瓶子尺寸：大端直径为 80mm，长为 200mm。

② 推进距离 L 为 600mm，推瓶机构应使推头以接近均匀的速度推瓶，平稳地接触和脱离瓶子，然后推头快速返回原位，准备进入第二个工作循环。

③ 按生产率的要求，返回时的平均速度为工作行程速度的 3 倍，

④ 提供的旋转式电机转速 10r/min。

⑤ 机构传动性能良好，结构紧凑，制造方便。

（3）设计任务。

① 设计推瓶机构和洗瓶机构的运动方案，并用机构创新模型加以实现。

② 绘制出机构系统的运动图，并对所设计的机构系统进行简要的说明。

（4）设计方案提示。

① 推瓶机构一般要求近似直线轨迹，回程时轨迹形状不限，但不能反方向拨动瓶子，由于上述运动要求，一般采用组合机构来实现。

② 洗瓶机构由一对同向转动的导辊和带三只刷子转动的转子所组成，可以通过机械传动系统完成。

（5）已知条件。

① 若主动件做等速转动，其转速 n=1r/min。

② 从动件进行往复移动，行程长度为 100mm。

③ 从动件工作行程为近似等速运动，回程为急回运动，行程速比系数 K=1.4。

设计任务：

① 设计能够实现这一运动要求的机构运动方案，并用机构创新模型加以实现。

② 绘制出机构系统的运动简图，并对所设计的系统进行简要的说明。

（6）已知条件：

① 主动件做单向间歇转动。

② 每转动 180° 停歇一次。

③ 停歇时间为 1/3.6 周期。

设计任务：

① 设计能够实现这一运动要求的机构运动方案，并用机构创新模型加以实现。

② 绘制出机构系统的运动简图，计算自由度，并对设计的系统进行简要的说明。

六、参考机构简图

参考机构简图如图 2-28 至图 2-35 所示。

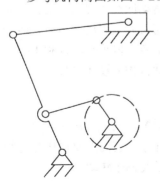

图 2-28　送料机构

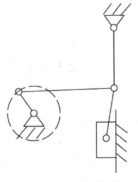

图 2-29　锻压机构

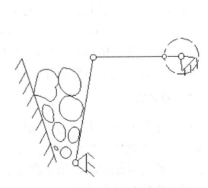

图 2-30　破碎机构

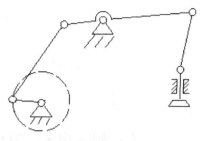

图 2-31　插齿机构

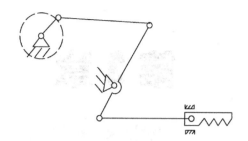

图 2-32　切割机构

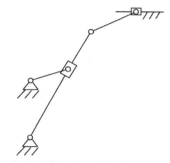

图 2-33　牛头刨床机构

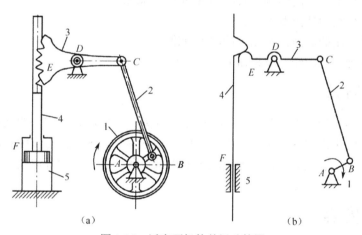

（a）　　　　　　　　　　（b）

图 2-34　活塞泵机构的运动简图

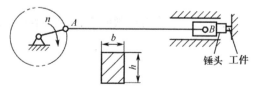

图 2-35　某冷镦机的曲柄滑块机构

第3章

机械设计实验

3.1 机械零件认识

一、实验目的

（1）初步了解"机械设计"课程所研究的各种常用零件的结构、类型、特点及应用。

（2）了解各种标准零件的结构形式及相关的国家标准。

（3）了解各种传动的特点及应用。

（4）了解各种常用的润滑剂及相关的国家标准。

（5）增强对各种零件的结构及机器的感性认识。

二、实验方法

学生们通过对实验指导书的学习及"机械零件陈列柜"中的各种零件的展示，实验教学人员的介绍、答疑及学生们的观察去认识机器常用的基本零件，使理论与实际对应起来，从而增强学生们对机械零件的感性认识。并通过展示的机械设备、机器模型等，使学生们清楚知道机器的基本组成要素——机械零件。

三、实验内容

（一）螺纹连接

螺纹连接是利用螺纹零件工作的，主要用作紧固零件。基本要求是保证连接强度及连接可靠性，学生们应了解如下内容。

1. 螺纹的种类

常用的螺纹主要有普通螺纹、米制锥螺纹、管螺纹、矩形螺纹、梯形螺纹和锯齿螺纹。前三种主要用于连接，牙形一般为三角形；后三种主要用于传动。其牙形如图 3-1 所示，除矩形螺纹外，都已标准化。除管螺纹保留英制外，其余都采用米制螺纹。

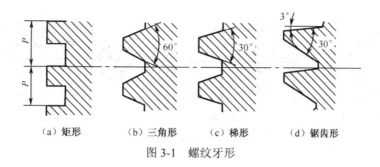

（a）矩形　　　　（b）三角形　　　　（c）梯形　　　　（d）锯齿形

图 3-1　螺纹牙形

2．螺纹连接的基本类型

常用的有普通螺栓连接、双头螺柱连接、螺钉连接及紧定螺钉连接，如图 3-2 所示。除此之外，还有一些特殊结构的连接，如专门用于将机座或机架固定在地基上的地脚螺栓连接，装在大型零部件的顶盖或机器外壳上便于起吊用的吊环螺钉连接及应用在设备中的 T 形槽螺栓连接等。

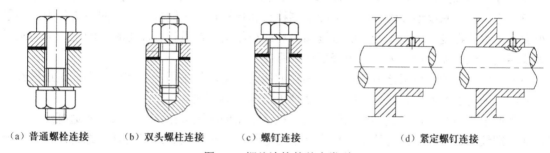

（a）普通螺栓连接　　　（b）双头螺柱连接　　　（c）螺钉连接　　　　　（d）紧定螺钉连接

图 3-2　螺纹连接的基本类型

3．螺纹连接的防松

防松的根本问题在于防止螺旋副在受载时发生相对转动。防松的方法，按其工作原理可分为摩擦防松，如图 3-3 所示；机械防松，如图 3-4 所示；铆冲防松等。摩擦防松简单、方便，但没有机械防松可靠。对于重要连接，特别是在机器内部的不易检查的连接，应采用机械防松。常见的摩擦防松方法有对顶螺母防松、弹簧垫圈防松及自锁螺母防松等；机械防松方法有开口销与六角开槽螺母防松、止动垫圈防松及串联钢丝防松等；铆冲防松主要是将螺母拧紧后把螺栓末端伸出的部分铆死，或利用冲头在螺栓末端与螺母的旋合处打冲，利用冲点防松。

对顶螺母防松　　　　　　弹簧垫圈防松　　　　　　自锁螺母防松

图 3-3　螺纹连接的摩擦防松

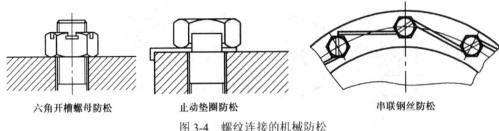

六角开槽螺母防松　　　　止动垫圈防松　　　　　串联钢丝防松

图 3-4　螺纹连接的机械防松

4．提高螺纹连接强度的措施

（1）受轴向变载荷的紧螺栓连接，一般会因疲劳而损坏。为了提高疲劳强度，减小螺栓的刚度，可适当增加螺栓长度，或采用腰状杆螺栓与空心螺栓。

（2）无论螺栓连接的结构如何，所受的拉力都是通过螺栓和螺母的螺纹牙相接触来传递的，由于螺栓和螺母的刚度与变形的性质不同，各圈螺纹牙上的受力也是不同的。为了改善螺纹牙上的载荷分布不均程度，常用悬置螺母或采用钢丝螺套来减小螺栓旋合段受力较大的几圈螺纹牙的受力面。

（3）为了提高螺纹连接强度，还应减小螺栓头和螺栓杆的过渡处所产生的应力集中。为了减小应力集中的程度，可采用较大的过渡圆角和卸载结构。在设计、制造和装配上，应力求避免螺纹连接产生附加弯曲应力，以免降低螺栓强度。

（4）采用合理的制造工艺方法，提高螺栓的疲劳强度，如采用冷镦螺栓头部和滚压螺纹的工艺方法或采用表面氮化、氰化、喷丸等处理工艺等有效方法。

在掌握上述内容后，通过参观螺纹连接展柜，学生们应区分出：①什么是普通螺纹、管螺纹、梯形螺纹和锯齿螺纹；②能认识什么是普通螺纹、双头螺纹、螺钉及紧定螺钉连接；③能认识摩擦防松与机械防松的零件；④了解连接螺栓的光杆部分做得比较细的原因是什么等问题。

（二）标准连接零件

标准连接零件一般是由专业企业按国标（GB）成批生产、供应市场的零件。这类零件的结构形式和尺寸都已标准化，设计时可根据有关标准选用。通过实验学生们要能区分螺栓与螺钉，能了解各种标准化零件的结构特点、使用情况，了解各类零件有哪些标准代号，以提高学生们的标准化意识。

1．螺栓

螺栓一般是与螺母配合使用以连接被连接零件，无须在被连接的零件上加工螺纹，其连接结构简单、装拆方便、种类较多、应用广泛，如图 3-5 所示。其国家标准有：GB5782～5786 六角头螺栓、GB31.1～31.3 六角头带孔螺栓、GB8 方头螺栓、GB27 六角头铰制孔用螺栓、GB37 T 形槽用螺栓、GB799 地脚螺栓及 GB897～900 双头螺栓等。

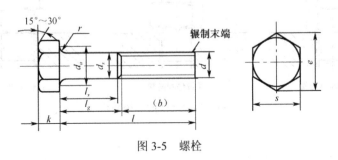

图 3-5　螺栓

2. 螺钉

螺钉连接不用螺母，而是紧定在被连接件之一的螺纹孔中，其结构与螺栓相同，但头部形状较多以适应不同装配的要求，常用于结构紧凑的场合，如图 3-6 所示。其国家标准有：GB65 开槽圆柱头螺钉、GB67 开槽盘头螺钉、GB68 开槽沉头螺钉、GB818 十字槽盘头螺钉、GB819 十字槽沉头螺钉、GB820 十字槽半沉头螺钉、GB70 内六角圆柱头螺钉、GB71 开槽锥端紧定螺钉、GB73 开槽平端紧定螺钉、GB74 开槽凹端紧定螺钉、GB75 开槽长圆柱端紧定螺钉、GB834 滚花高头螺钉、GB77～80 各种内六角紧定螺钉、GB83～86 各类方头紧定螺钉、GB845～847 各类十字自攻螺钉、GB5282～5284 各类开槽自攻螺钉、GB6560～6561 各类十字头自攻锁紧螺钉、GB825 吊环螺钉等。

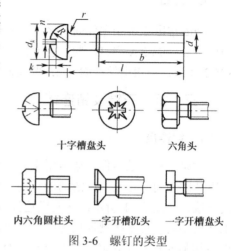

十字槽盘头　　六角头

内六角圆柱头　　一字槽沉头　　一字开槽盘头

图 3-6　螺钉的类型

3. 螺母

螺母形式很多，按形状可分为六角螺母、四方螺母及圆螺母；按连接用途可分为普通螺母、锁紧螺母及悬置螺母等，如图 3-7 所示，应用最广泛的是六角螺母及普通螺母。其国家标准有：GB6170～6171、GB6175～6176 1 型及 2 型 A、B 级六角螺母，GB411 型 C 级螺母，GB6172 A、B 级六角薄螺母，GB6173 A、B 级六角薄型细牙螺母，GB6178、GB6180 1 型及 2 型 A、B 级六角开槽螺母，GB9457、GB9458 1 型及 2 型 A、B 级六角开槽细牙螺母，GB56 六角厚螺母，GB6184 六角锁紧螺母，GB39 方螺母，GB806 滚花高螺母，GB923 盖形螺母，GB805 扣紧螺母，GB812、GB810 圆螺母及小圆螺母，GB62 蝶形螺母等。

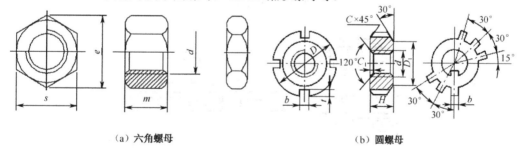

（a）六角螺母　　　　　　　　　　　　（b）圆螺母

图 3-7　螺母

4. 垫圈

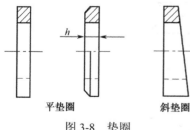

平垫圈　　斜垫圈

图 3-8　垫圈

垫圈种类有平垫圈、弹簧垫圈及锁紧垫圈等，如图 3-8 所示。平垫圈主要用于保护被连接件的支撑面，弹簧垫圈及锁紧垫圈主要用于摩擦和机械防松场合，其国家标准有：GB97.1～97.2、GB95～96、GB848、GB5287 各类大、小及特大平垫圈，GB852 工字钢用方斜垫圈，GB853 槽钢用方斜垫圈，GB861.1 及 GB862.1 内齿、外齿锁紧垫圈，GB93、GB7244、GB859 各种类弹簧垫圈，GB854～855 单耳、双耳止动垫圈，

GB856 外舌止动垫圈，GB858 圆螺母止动垫圈等。

5. 挡圈

挡圈常用于轴端零件固定之用。其国家标准有：GB891～892 螺钉、螺栓紧固轴端挡圈，GB893.1～893.2 A 型、B 型孔用弹性挡圈，GB894.1～894.2 A 型、B 型轴用弹性挡圈，GB895.1～895.2 孔用、轴用钢丝挡圈，GB886 轴肩挡圈等。

（三）键、花键及销连接

1. 键连接

键是一种标准零件，通常用来实现轴与轮毂之间的周向固定以传递转矩，有的还能实现轴上零件的轴向固定或轴向滑动的导向。其主要类型有：平键连接，如图 3-9 和图 3-10 所示；楔键连接，如图 3-11 所示；切向键连接，如图 3-12 所示。各类键使用的场合不同，键槽的加工工艺也不同。可根据键连接的结构特点、使用要求和工作条件来选择，键的尺寸则应根据标准规格和强度要求来取定。其国家标准有：GB1096～1099 各类普通平键、导向键及各类半圆键（如图 3-13 所示），GB1563～1566 各类楔键、切向键及薄型平键等。

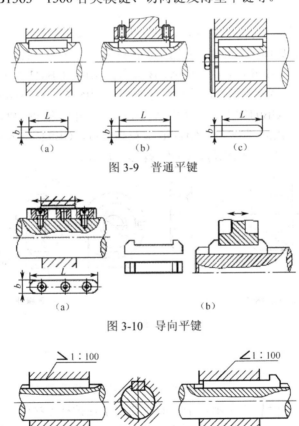

图 3-9　普通平键

图 3-10　导向平键

图 3-11　楔键连接

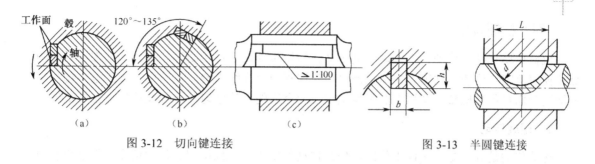

图 3-12　切向键连接　　　　　　　　　　图 3-13　半圆键连接

2．花键连接

如图 3-14 所示，花键连接由外花键和内花键组成，适用于定心精度要求高、载荷大或经常滑移的连接。花键连接的齿数、尺寸、配合等均按标准选取，可用于静连接或动连接。按其齿形可分为矩形花键（GB1144）和渐开线花键（GB3478.1），前一种由于多齿工作，具有承载能力高、对中性好、导向性好、齿根较浅、应力集中较小、对轴与轮毂的强度削弱小等优点，广泛应用在飞机、汽车、拖拉机、机床及农业机械传动装置中；渐开线花键连接，受载时齿上有径向力，能起到定心作用，使各齿受力均匀，有强度高、寿命长等特点，主要用于载荷较大、定心精度要求较高以及尺寸较大的连接。

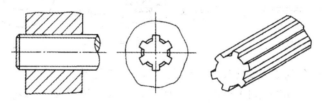

图 3-14　花键连接

3．销连接

根据销连接的用途不同，可分为连接销、定位销和安全销。主要用来固定零件之间的相对位置的销，称为定位销，它是组合加工和装配时的重要辅助零件；用于连接零件的销，称为连接销，可传递不大的载荷；作为安全装置中的过载剪断元件的销，称为安全销。

销有多种类型，如圆锥销、槽销、销轴和开口销等，如图 3-15 所示，这些均已标准化，主要国标代号有：GB119、GB20、GB878、GB879、GB117、GB118、GB881、GB877 等。

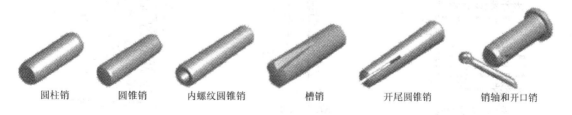

　圆柱销　　　　圆锥销　　　内螺纹圆锥销　　　　槽销　　　　开尾圆锥销　　　销轴和开口销

图 3-15　销的结构形式

各种销都有其各自的特点，如圆柱销多次拆装会降低定位精度和可靠性，锥销在受横向力时可以自锁，安装方便，定位精度高，多次拆装不影响定位精度等。

对于以上几种连接，要仔细观察其结构、使用场合，并能分清和认识以上各类零件。

（四）机械传动

机械传动有螺旋传动、带传动、链传动、齿轮传动及蜗杆传动等。各种传动都有不同的特点和使用范围，这些传动知识在"机械设计"课程中会详细讲授。在这里主要通过实物观察，增加同学们对各种机械传动知识的感性认识，为今后的理论学习及课程设计打下良好基础。

1. 螺旋传动

螺旋传动是利用螺纹零件工作的，作为传动件要求保证螺旋副的传动精度、效率和磨损寿命等，其螺纹种类有矩形螺纹、梯形螺纹、锯齿螺纹等。

按其用途可分为传力螺旋，如图 3-16 所示；传导螺旋，如图 3-17 所示；调整螺旋，如图 3-18 所示。

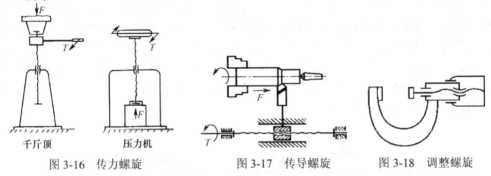

图 3-16　传力螺旋　　　　　图 3-17　传导螺旋　　　　图 3-18　调整螺旋

按摩擦性质不同可分为滑动螺旋、滚动螺旋及静压螺旋等。

（1）滑动螺旋传动。如图 3-19 至图 3-21 所示，常为半干摩擦，摩擦阻力大、传动效率低（一般为 30%～60%），其结构简单、加工方便、易于自锁、运转平稳，但在低速时可能出现爬行，其螺纹有侧向间隙，反向时有空行程，定位精度和轴向刚度较差，要提高精度必须采用间隙补偿机构，磨损快。滑动螺旋应用于传力或调整螺旋时，要求自锁，常采用单线螺纹；用于传导时，为了提高传动效率及直线运动速度，常采用多线螺纹（线数 $n=3\sim4$）。滑动螺旋主要应用于金属切削机床进给、分度机构的传导螺纹、摩擦压力机及千斤顶的传动。

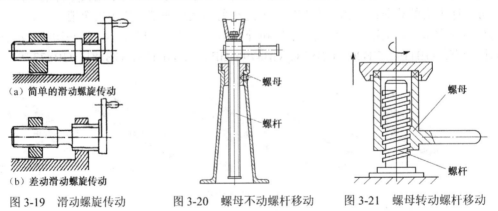

（a）简单的滑动螺旋传动

（b）差动滑动螺旋传动

图 3-19　滑动螺旋传动　　　图 3-20　螺母不动螺杆移动　　图 3-21　螺母转动螺杆移动

（2）滚动螺旋传动。如图 3-22 所示，因螺旋中含有滚珠或滚子，在传动时摩擦阻力小，具有传动效率高（一般在 90% 以上）、启动力矩小、传动灵活、工作寿命长等优点，但结构复杂、制造较难。滚动螺旋具有传动可逆性（可以把旋转运动变为直线运动，也可把直线运动变成回转运动），为了避免螺旋副受载时逆转，应设置防止逆转的机构，其运转平稳，启动时无颤动，低速时不爬行，螺母与螺杆经调整预紧后，可得到很高的定位精度（6μm/0.3m）和重复定位精度（可达1～2μm），并可提高轴的刚度，其工作寿命长、不易发生故障，但抗冲击性能较差。主要用在金属切削精密机床和数控机床、测试机械、仪表的传导螺旋和调整螺旋及起重、升降机构和汽车、拖拉机转向机构的传力螺旋，飞机、导弹、船舶、铁路等自控系统的传导和传力螺旋上。

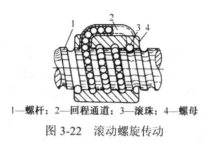

1—螺杆；2—回程通道；3—滚珠；4—螺母

图 3-22　滚动螺旋传动

（3）静压螺旋传动。如图3-23所示，是为了降低螺旋传动的摩擦，提高传动效率，并增强螺旋传动的刚性的抗振性能，将静压原理应用于螺旋传动中，制成静压螺旋。因为静压螺旋是液体摩擦，摩擦阻力小，传动效率高（可达99%），但螺母结构复杂。其具有传动的可逆性，必要时应设置防止逆转的机构，工作稳定，无爬行现象，反向时无空行程，定位精度高，并有较高的轴向刚度，磨损小及寿命长等特点。使用时需要一套压力稳定、温度恒定、有精滤装置的供油系统。主要用于精密机床进给，分度机构的传导螺旋。

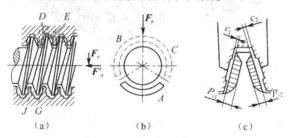

（a）　　　　　　　（b）　　　　　　　（c）

图 3-23　静压螺旋传动

2．带传动

带传动是带被张紧（预紧力）而压在两个带轮上，主动轮带轮通过摩擦带动带运动，再通过摩擦带动从动轮带轮转动。它具有传动中心距大、结构简单、超载打滑（减速）等特点。常有平带传动、V形带传动、多楔带传动及同步带传动等，如图3-24所示。

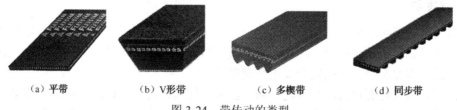

（a）平带　　　　（b）V形带　　　　（c）多楔带　　　　（d）同步带

图 3-24　带传动的类型

（1）平带传动结构最简单，带轮容易制造。在传动中心距较大的情况下应用较多。

（2）V形带为一整圈，无接缝，故质量均匀，在同样张紧力下，V形带较平带传动能产生更大的摩擦力，再加上传动比较大、结构紧凑，并标准化生产，因而应用广泛。

（3）多楔带传动兼有平带和V形带传动的优点，柔性好、摩擦力大、能传递的功率大，并能解决多根V形带长短不一使各带受力不均匀的问题。主要用于传递功率较大而结构要求紧凑的场合，传动比可达10，带速可达40m/s。

（4）同步带沿纵向制有很多齿，带轮轮面也制有相应的齿，它靠齿的啮合进行传动，具有带与轮的速度一致等特点。

3. 链传动

链传动是由主动链轮齿带动链运动，又通过链带动从动链轮，属于带有中间挠性件的啮合传动。与属于摩擦传动的带传动相比，链传动无弹性滑动和打滑现象，能保持准确的平均传动比，传动效率高。按用途不同可分为传动链传动、输送链传动和起重链传动。输送链和起重链主要用在运输和起重机械中，而在一般机械传动中，常用链传动。

传动链有短节距精密滚子链（简称滚子链）、齿形链等，如图3-25所示。

（a）滚子链　　　　　　　　　　　　　　（b）齿形链

图 3-25　链传动的类型

在滚子链中为使传动平稳、结构紧凑，宜选用小节距单排链；当速度高、功率大时，则选用小节距多排链。

齿形链又称无声链，它由一组带有两个齿的链板左右交错并列铰链而成。齿形链设有导板，以防止链条在工作时发生侧向窜动。与滚子链相比，齿形链传动平稳、无噪声、承受冲击性能好、工作可靠。

链轮是链传动的主要零件，链轮齿形已标准化（GB1244、GB10855），链轮设计主要是确定其结构尺寸、选择材料及热处理方法等。

4. 齿轮传动

齿轮传动是机械传动中最重要的传动之一，形式多、应用广泛。其主要特点是效率高、结构紧凑、工作可靠、传动比稳定等，可做成开式、半开式及闭式传动。失效形式主要有轮齿折断、齿面点蚀、齿面磨损、齿面胶合及塑性变形等。

常用的渐开线齿轮有直齿圆柱齿轮传动、斜齿圆柱齿轮传动、标准锥齿齿轮传动、圆弧齿圆柱齿轮传动等。齿轮传动啮合方式有内啮合、外啮合、齿轮与齿条啮合等。参观时一定要了解各种齿轮特征、主要参数的名称及几种失效形式的主要特征，使实验在真正意义上达到与理论教学产生互补作用。

齿轮传动的类型如图3-26所示。

（a）外啮合齿轮　（b）内啮合齿轮　（c）齿轮齿条　（d）外啮合斜齿轮　（e）外啮合人字齿轮

（f）直齿锥齿轮　　（g）斜齿锥齿轮　　（h）交错轴斜齿轮　　（i）蜗轮蜗杆

图 3-26　齿轮传动类型

5．蜗杆传动

蜗杆传动是在空间交错的两轴间传递运动和动力的一种传动机构，两轴线交错的夹角可为任意角，常用的为 90°，如图 3-27 所示。

蜗杆传动有下述特点：当使用单头蜗杆（相当于单线螺纹）时，蜗杆旋转一周，蜗轮只转过一个齿距，因此能实现大传动比。在动力传动中，一般传动比 $i=5\sim80$；在分度机构或手动机构的传动中，传动比可达 300；若只传递运动，传动比可达 1000。由于传动比大，零件数目又少，因而结构很紧凑。在传动中，蜗杆齿是连续不断的螺旋齿，与蜗轮啮合是逐渐进入与逐渐退出，故冲击载荷小，传动平衡，噪声低，但当蜗杆的螺旋线升角小于啮合面的当量摩擦角时，

图 3-27　蜗杆传动

蜗杆传动便具有自锁，再就是蜗杆传动与螺旋传动相似，在啮合处，有相对滑动。当速度很大，工作条件不够良好时，会产生严重摩擦与磨损，引起发热，摩擦损失较大，效率低。

根据蜗杆形状不同，分为圆柱蜗杆传动、环面蜗杆传动和锥面蜗杆传动。通过实验同学们应了解蜗杆传动结构及蜗杆减速器的种类和形式。

（五）轴系零、部件

1．轴承

轴承是现代机器中广泛应用的部件之一。轴承根据摩擦性质不同分为滑动轴承和滚动轴承两大类。

滑动轴承按其承受载荷方向的不同分为径向滑动轴承和止推滑动轴承，如图 3-28 所示。按润滑表面状态的不同又可分为液体润滑轴承、不完全液体润滑轴承及无润滑轴承（指工作时不加润滑剂）。根据液体润滑承载机理不同，可分为液体动力润滑轴承（简称液体动压轴承）和液体静压润滑轴承（简称液体静压轴承）。

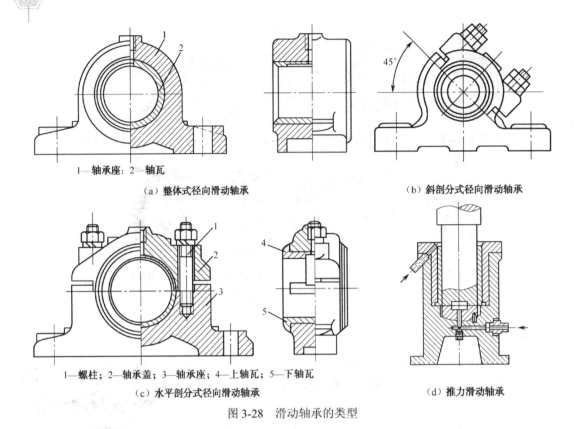

1—轴承座；2—轴瓦

（a）整体式径向滑动轴承 　　　　　　　　　　　（b）斜剖分式径向滑动轴承

1—螺柱；2—轴承盖；3—轴承座；4—上轴瓦；5—下轴瓦

（c）水平剖分式径向滑动轴承 　　　　　　　　（d）推力滑动轴承

图 3-28　滑动轴承的类型

　　滚动轴承由于摩擦系数小，启动阻力小，而且已标准化（标准代号有 GB /T281、GB/T276、GB/T288、GB/T292、GB/T285、GB/T5801、GB/T297、GB/T301 及 GB/T4663、GB/T5859 等），选用、润滑、维护都很方便，因此在一般机器中应用较广，如图 3-29 所示。轴承理论课程将详细讲授机理、结构、材料等，并且还有实验与之相配合，这次实验同学们主要要了解各类轴承的结构及特征，扩大自己的眼界。

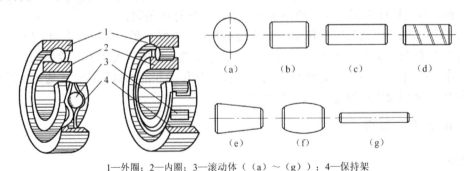

1—外圈；2—内圈；3—滚动体（（a）～（g））；4—保持架

图 3-29　滚动轴承的结构

2．轴

　　轴是组成机器的主要零件之一。一切做回转运动的传动零件（如齿轮、蜗轮等），都必须安装在轴上才能进行运动及动力的传递。轴的主要功用是支撑回转零件及传递运动和动力。

　　按承受载荷的不同，可分为转轴、心轴和传动轴三类。按轴线形状不同，可分为曲轴和直轴两大类；直轴又可分为光轴和阶梯轴。光轴形状简单，加工容易，应力集中源少，但轴上的零件不易装配及定位，阶梯轴正好与光轴相反。所以光轴主要用于心轴和传动轴，阶梯轴则常用于转轴，此外，还有一种钢丝软轴（挠性轴），它可以把回转运动灵活地传到不宽敞的空间位置。

轴的失效形式主要是疲劳断裂和磨损。防止失效的措施是：首先从结构设计上力求降低应力集中（如减小直径差、加大过渡圆角半径等，可详看实物），然后就是提高轴的表面品质，包括降低轴的表面粗糙度，对轴进行热处理或表面强化处理等。

轴上零件的固定，主要是轴向和周向固定。轴向固定可采用轴肩、轴环、套筒、挡圈、圆锥面、圆螺母、轴端挡圈、轴端挡板、弹簧挡圈、紧定螺钉等方式，如图 3-30 所示。周向固定可采用平键、楔键、切向键、花键、圆柱销、圆锥销及过盈配合等连接方式。

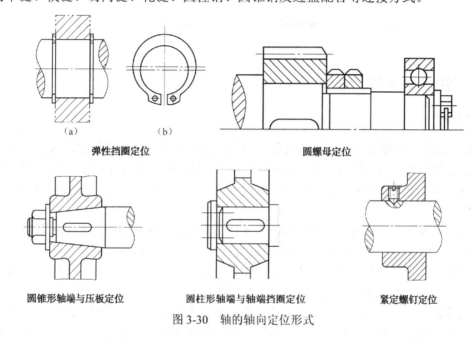

(a)　　　　(b)

弹性挡圈定位　　　　圆螺母定位

圆锥形轴端与压板定位　　　圆柱形轴端与轴端挡圈定位　　　紧定螺钉定位

图 3-30　轴的轴向定位形式

轴看似简单，但轴的知识、内容都比较丰富，完全掌握是很不容易的，只有通过理论学习及实践知识的积累（多看、多观察）才能逐步掌握。

（六）弹簧

弹簧是一种弹性元件，它可以在载荷作用下产生较大的弹性变形。在各类机械中应用十分广泛。主要应用于以下几个方面。

（1）控制机构的运动，如制动器、离合器中的控制弹簧，内燃机气缸的阀门弹簧等。

（2）减振和缓冲，如汽车、火车车厢下的减振簧，以及各种缓冲器用的弹簧等。

（3）储存及输出能量，如钟表弹簧、枪内弹簧等。

（4）测量力的大小，如测力器和弹簧秤中的弹簧等。

弹簧的种类比较多，按承受的载荷不同可分为拉伸弹簧、压缩弹簧、扭转弹簧及弯曲弹簧 4 种。按形状不同又可分为螺旋弹簧、环形弹簧、蝶形弹簧、板簧和平面涡卷弹簧等，如图 3-31 所示，观看时要看清各种弹簧的结构、材料，并能与名称对应起来。

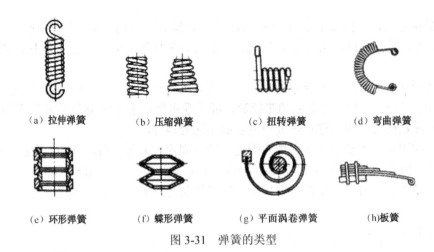

(a) 拉伸弹簧   (b) 压缩弹簧   (c) 扭转弹簧   (d) 弯曲弹簧

(e) 环形弹簧   (f) 蝶形弹簧   (g) 平面涡卷弹簧   (h) 板簧

图 3-31　弹簧的类型

（七）润滑剂及密封

1. 润滑剂

在摩擦面间加入润滑剂不仅可以降低摩擦减轻磨损、保护零件不遭锈蚀，而且在采用循环润滑时还能起到散热降温的作用。由于液体的不可压缩性，润滑油膜还具有缓冲、吸振的能力。使用膏状润滑脂，既可防止内部的润滑剂外泄，又可阻止外部杂质侵入，避免加剧零件的磨损，起到密封作用。

润滑剂可分为气体、液体、半固体和固体 4 种基本类型。在液体润滑剂中应用最广泛的是润滑油，包括矿物油、动植物油、合成油和各种乳剂。半固体润滑剂主要是指各种润滑脂，它是润滑油和稠化剂的稳定混合物。固体润油剂是任何可以形成固体膜以减小摩擦阻力的物质，如石墨、三硫化钼、聚四氟乙烯等。任何气体都可作为气体润滑剂，其中，用得最多的是空气，主要用在气体轴承中。各类润滑剂润滑原理和性能在课程学习中都会讲授。液体、半固体润滑剂，在生产中其成分及各种分类（品种）都是严格按照国家有关标准进行生产。学生们不但要了解展柜展出的油剂、脂剂等各种实物，润滑方法与润滑装置，还应了解其相关国家标准，如润滑油的黏度等级 GB3141 标准、石油产品及润滑剂的总分类 GB498 标准、润滑剂 GB7631.1～7631.8 标准等。国家标准中油剂共有 20 大组类、70 余个品种，脂剂有 14 个品种等。

2. 密封

机器在运转过程及气动、液压传动中需要润滑剂、气、油润滑、冷却、传力保压等，在零件的接合面、轴的伸出端等处容易产生油、脂、水、气等渗漏。为了防止这些渗漏，在这些地方常要采用一些密封的措施。密封方法和类型很多，如填料密封、机械密封、O 形圈密封、迷宫式密封、离心密封、螺旋密封等。这些密封广泛应用在泵、水轮机、阀、压气机、轴承、活塞等部件的密封中。学生们在参观时应认清各类密封零件及应用场合。

四、思考题

（1）螺纹的种类有哪些？哪些是连接螺纹？哪些是传动螺纹？

（2）螺纹连接的防松方法有哪些？

（3）下列零件中，哪些是标准零件？哪些是非标准零件？

A. 螺栓

B. 螺钉

C. 螺母

D. 销

E. 花键

F. 垫圈

G. 挡圈

H. 带轮

I. 键

J. 齿轮

K. 轴

L. 轴承

M. 带

N. 蜗轮、蜗杆

O. 弹簧

（4）机械传动类型有哪些？各有什么特点？

3.2 受翻转力矩作用的螺栓组连接

一、实验目的

（1）掌握受翻转力矩作用的螺栓组连接的受力分析方法、螺栓组的载荷分布规律，画出载荷分布图。

（2）掌握螺栓连接受载后，螺栓和被连接件的受力及变形的变化规律，画出螺栓连接受力——变形线图。

（3）了解机械参数电测的基本方法及应变仪的使用方法。

二、实验设备

受翻转力矩作用的螺栓组连接的机械结构，LYS-A 型螺栓组连接综合实验台，如图 3-32 所示。

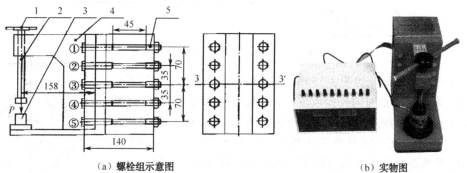

（a）螺栓组示意图　　　　　　　　　　　　（b）实物图

1—加载螺栓；2—加载臂；3—载荷传感器；4—机座；5—实验连接螺栓

图 3-32 LYS-A 型螺栓组连接综合实验台

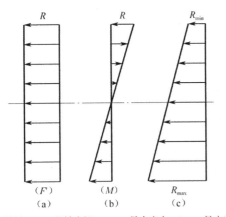

F—预紧力；M—翻转力矩；R_{max}—最大应力；R_{min}—最小应力

图 3-33   接合面应力分布图

由实验台结构可知，螺纹加载装置的加载臂与机座是利用 10 根对称分布的螺栓连接的。螺栓预紧时，连接在预紧力的作用下，接合面间产生挤压应力如图 3-33（a）所示。受载后，托架受在其中间纵剖面上的力 P 的作用，将力 P 向连接接合面上简化，可以得到两种典型的载荷形式，即沿接触面的横向力 P 和绕 3-3′ 轴线使托架翻转的力矩 M=PL，L=158mm。在翻转力矩 M 的作用下，使连接接合面上部的挤压应力减小，下部的挤压应力增大，其应力分布规律如图 3-33（b）所示。在预紧力和翻转力矩 M 共同作用下的应力分布如图 3-33（c）所示。在设计这种连接时，应满足接合面不分离、不压溃、不滑动和螺栓不被拉断的要求。

三、实验原理

1. 静态电阻应变仪工作原理

电阻应变仪是利用金属材料的特性，将非电量的变化转换成电量变化的测量仪器，应变测量的转换元件——应变片，是用极细的金属电阻丝绕成或用金属箔片印刷腐蚀而成，用粘剂将应变片牢固地贴在试件上，当被测试件受到外力作用长度发生变化时，粘贴在试件上的应变片也相应变化，应变片的电阻值也随着发生了 ΔR 的变化，这样就把机械量——变形转换为电量——电阻值的变化。用灵敏的电阻测量仪器——电桥，测出电阻值的变化ΔR/R，就可以换算出相应的应变 e，如果电桥用应变来刻度，就可以直接读出应变，完成了非电量的电测。电阻应变片的"应变效应"，是指上述机械量转换成电量的关系，用电阻应变的"灵敏系数 K"来表征，即可表示为

$$K = \frac{\Delta R/R}{\Delta L/L} = \frac{\Delta R/R}{e} \tag{3-1}$$

本实验台标配的静态螺栓应变仪就是按照该原理进行数字表示的，其原理如图 3-34 所示。

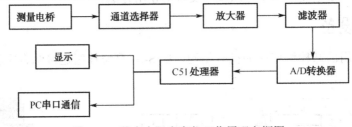

图 3-34   静态电阻应变仪工作原理方框图

测量电桥的工作原理如图 3-35 所示，其桥臂电阻是按 350Ω 设计的，图中 R_1 为单臂测量时的外接应变片，在仪器内部有三个 350Ω 精密无感线绕电阻作为测量电桥时的内半桥。电桥图的 AC 端是由稳压电源供给的 5V 直流稳定电压作为电桥的工作电源。仪器在无应变信号时，用电阻预调平衡装置将电桥调平衡。BD 端没有电压输出。当试件受力产生形变时，由"应变效应"而引起的桥臂应变片的阻值变化ΔR/R，破坏了电桥的平衡，BD 端有一个 ΔU 的电压输出，即

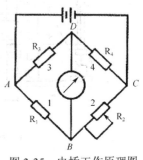

图 3-35   电桥工作原理图

$$\Delta U = \frac{1}{4} U \cdot \frac{\Delta R}{R} = \frac{1}{4} U K e \qquad (3\text{-}2)$$

2．加载力的测量

本实验台在加载装置下安装了压力传感器，加载过程中的载荷值由压力传感器检测，并将压力信号输入到数字测量仪中，通过数字测量仪直接将压力信号显示在计算机界面上。

3．螺栓结构尺寸

如图 3-36 所示，螺栓尺寸：D=10mm，d=6mm，L=160mm，L'=40mm，L_1=65mm。

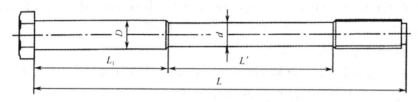

图 3-36　螺栓结构尺寸

4．螺栓连接受力——变形分析

（1）当螺母未拧紧时，螺栓连接未受到力的作用，螺栓和被连接件无变形。

（2）若将螺母拧紧（即加一个预紧力 F'），这时，连接受预紧力的作用，螺栓伸长了 λ_b，被连接件压缩了 λ_m。

（3）当螺栓连接承受工作载荷 F 时，（接合面绕中心轴线 3–3′回转），螺栓 1、2、6、7 所受的拉力减小，变形减小，被连接件的压缩变形则增大，其压缩量也随着增大，螺栓 3、8 的受力和变形不发生变化，螺栓 4、5、9、10 的受力则增大，变形也增加，而被连接件因螺栓伸长而被放松。

由于螺栓和被连接件均为弹性变形，因此其受力与变形线图可用图 3-37 表示。

螺栓的受力与变形的计算公式为

螺栓力大小为

$$F = EA\sigma \qquad （3\text{-}3）$$

螺栓受力后的变形为

$$\lambda = \sigma \cdot L$$

式中　E——螺栓材料的弹性模量；

　　　　σ——螺栓受力后的应变；

　　　　A——螺栓危险剖面的面积；

　　　　L——螺栓的长度。

螺栓的总拉力为

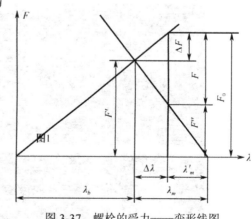

图 3-37　螺栓的受力——变形线图

$$F_0 = F'' + F \qquad (3\text{-}4)$$

总拉力又为

$$F_0 = Ee'A$$

式中　e'——加载后应变值。

预紧力为

$$F' = EeA$$

式中　　e——加预紧力后应变值。

剩余预紧力为

$$F'' = F_0 - F$$

每个螺栓的工作载荷为

$$F = M \cdot r_i / 2 \cdot \sum r_i^2$$

式中　　M——绕接合面的倾覆力矩，$M=PL$（N·cm）；

　　　　r_i——各螺栓中心轴线到回转中心线 3-3′的距离。

（4）为使接合面不产生缝隙，必须使接合面在最大工作载荷时仍有一定残余预紧力，即

$$F''>0, \qquad F'' = F_0 - F >0$$

最大工作负载为 $F_{max} = M_{max} \cdot r_i / 2 \cdot \sum r_i^2$

应使 $F_{max} < F'$，已知 $E = 2.1 \times 10^6 \, \text{kg/cm}^2$，$1\varepsilon = 10^6 \mu\varepsilon$，对于本连接实验台，$F_{max}$ 在第 5 和第 10 根螺栓上所允许的最大加载力为 $P_{max}=500\text{kg}$，可得

$$F_{max} = 90\text{kg}$$

可取预紧力 $F' = 90\text{kg}$，则应变为

$$c = \frac{F_0}{EA'} \approx 100\mu\varepsilon$$

5．软件说明

运行软件程序，进入主界面，如图 3-38 所示，有"文件"、"实验项目"、"操作"、"工具"和"帮助"菜单。

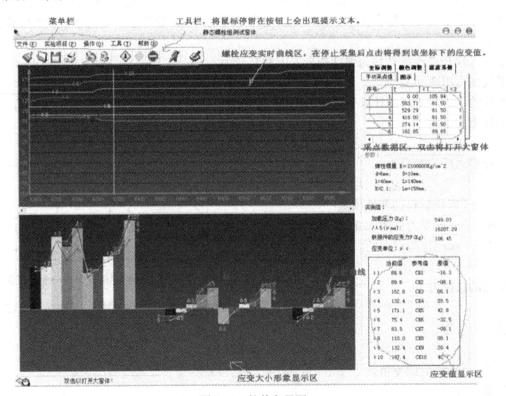

图 3-38　软件主界面

（1）"文件"菜单中有"刷新"、"打开"、"保存"、"打印"和"退出"子菜单，分别为①刷新实验窗口，清除实验数据，以便重新采集数据；②打开一个已保存的实验数据文件；③保存实验数据；④打印实验曲线；⑤退出实验窗体。

（2）"实验项目"菜单中有"实验原理"、"连接件与被连接件受力测试"和"生成实验报告"子菜单，分别为①打开实验原理窗口；②打开连接件与被连接件受力分析窗口，进行受力分析实验；③生成实验报告并打印。

（3）"操作"菜单中有"采集"、"停止采集"、"设置当前值为参考值"、"采点"、"清除前一点"和"清除全部采点"子菜单，分别为①与静态螺栓应变仪通信，接收由其发送的数据；②停止与静态螺栓应变仪通信；③调整好预紧力后，将 10 根螺栓预紧应变保存起来，设为参考值；④保存螺栓当前应变值和与参考值的差值；⑤清除前一个采点记录；⑥清除全部的采点记录，以便重新采点。

（4）"工具"菜单中有"生成当前曲线 EXCEL"和"生成全部曲线 EXCEL"子菜单，分别为①将当前显示的曲线数据导入 EXCEL 中；②将全部采集的数据导入 EXCEL 中。

（5）"帮助"菜单中有帮助文件选项。

工具栏中的按钮对应于相应的菜单，鼠标停留其上将会出现文字说明。单击窗体右上角的选项框将得到相应的操作选项。窗体右下角为螺栓的当前应变值、参考值、差值显示区。在应变大小形象显示区中，A 为螺栓应变的当前值显示，B 为 10 根螺栓应变与参考值的差值显示，C 为两组螺栓差值的平均值显示。

单击"实验项目"菜单中的"连接件与被连接件受力测试"子菜单，将出现连接件与被连接件受力测试窗体。

在实验操作区有"实验操作"、"坐标调整"、"颜色调整"和"保存"选项框。其中，在"实验操作"选项中，有"自动采集"和"手动采点"两种采集方式，选取"自动采集"方式将让程序自动采集连接件与被连接件的实时受力值，其采集周期为 0.5s，如图 3-39 所示。

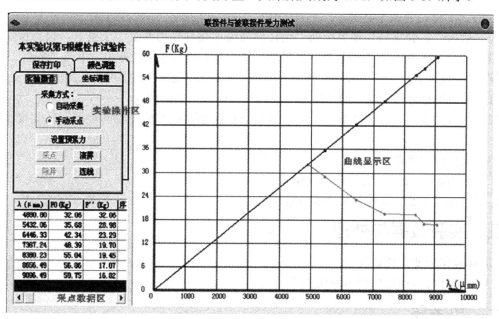

图 3-39　螺栓及被连接件受力测试

四、实验步骤

（1）仪器连接：用数据排线将螺栓机构与应变仪连接起来，并将荷重传感器连接在检测仪上，用串口线将计算机与应变仪相连。

（2）开机预热：打开应变仪的电源，预热 3～5min。打开实验程序，进入主界面，单击"操作"菜单中的"采集"子菜单或单击工具栏中的"采集"按钮，使计算机与应变仪通信。

（3）调整电桥平衡：松开连接螺栓，确保 10 根螺栓都在自由状态，调节单片机上的可调电阻，使电桥趋于平衡。可在应变仪上按键选择 10 根螺栓的显示值观察，也可通过 PC 实验程序采集的曲线观察。大致调节各螺栓应变值为 0，此应变仪上的可调电阻顺时针调节时应变值增大，逆时针调节时减小。

（4）螺栓预紧力的调整：用扳手给每根螺栓预紧，使预紧产生的应变值为 $100\mu\varepsilon$ 左右。尽量确保每组螺栓应变片的朝向一致，本实验台推荐各螺栓应变片朝向沿垂直方向向外。

（5）设置：

① 单击"操作"菜单中的"设置当前值为参考值"子菜单，或单击工具栏中相应的快捷按钮，记录当前螺栓的应变值为参考值。

② 单击"操作"菜单中的"采点"子菜单或工具栏中相应的快捷按钮，记录参考值的曲线位置。

（6）加载：在 50、100、150、200、250、300、350、400、450（<500kg）中选 5～8 个点，单击"采点"按钮，记录 10 根螺栓在不同载重下的应变值和与参考值的差值。

（7）观察并分析螺栓组的应变变化趋势，待趋于稳定状态。

（8）单击"实验项目"菜单中的"生成实验报告"子菜单，将出现螺栓组应变变化曲线实验报告窗体，可预览并打印。

（9）连接件与被连接件受力分析实验：卸掉负载，重新调节各螺栓的松紧，使其应变值在 $100\mu\varepsilon$ 左右（不可调节调零电阻）。

（10）单击"实验项目"菜单中的"连接件与被连接件受力测试"子菜单，设置操作选项中"预紧力"按钮，将在右边曲线显示区显示预紧力点，逐步增加负载值，单击"采点"按钮，将记录在不同载重下连接件与被连接件的受力情况。单击"连线"按钮可将采集的点连接起来。

（11）单击保存打印选项中的"打印"按钮可打印所采集的曲线。

（12）完成实验后，卸掉负载，松开螺栓至自由状态，关掉应变仪的电源，拆除仪器连接线。

（13）操作注意事项：

① 加载力≤500kg，否则传感器将损坏。

② 调节螺栓预紧力时螺栓应变≤$300\mu\varepsilon$。

五、实验数据与处理

（1）螺栓组应变变化曲线。

（2）连接件与被连接件受力变化曲线。

六、思考题

（1）试分析螺栓组在受到相同的预紧力、相同的外加载荷作用下，各螺栓受力情况。

（2）简述电阻应变片的工作原理。

3.3　螺栓连接综合实验

一、实验目的

（1）了解螺栓连接在拧紧过程中各部分的受力情况。

（2）计算螺栓相对刚度，并绘制螺栓连接的受力变形图。

（3）验证受轴向工作载荷时，预紧螺栓连接的变形规律及对螺栓总拉力的影响。

（4）通过螺栓的动载实验，改变螺栓连接的相对刚度，观察螺栓应变力幅值的变化，以验证提高螺栓连接强度的各项措施。

二、实验设备及仪器

LZS 螺栓连接综合实验台一台，LSD-A 静动态测量仪一台，计算机及专用软件等实验设备及仪器。

螺栓连接实验台的结构与工作原理如图 3-40 所示。

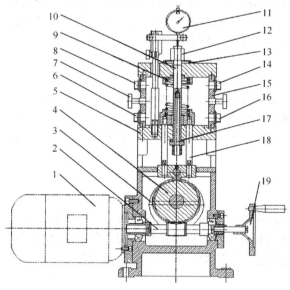

1—电动机；2—蜗杆；3—凸轮；4—蜗轮；5—下板；6—扭力插座；7—锥塞；8—拉力插座；9—弹簧；10—空心螺杆；11—千分表；12—螺母；13—弹性垫片；14—八角环压力插座；15—八角环；16—挺杆压力插座；17—螺杆；18—挺杆；19—手轮

图 3-40　螺栓连接综合实验台

（1）连接部分由 M16 空心螺栓、大螺母、垫片组组成。空心螺栓贴有测拉力和扭矩的两组应变片，分别测量螺栓在拧紧时，所受预紧拉力和扭矩。空心螺栓的内孔中装有 M8 螺栓，拧紧或松开其上的手柄杆，即可改变空心螺栓的实际受载截面积，以达到改变连接件刚度的目的。垫片组由刚性和弹性两种垫片组成。

（2）被连接件部分由上板、下板和八角环组成，八角环上贴有应变片，测量被连接件受力的大小，中部有锥形孔，插入或拔出锥塞即可改变八角环的受力，以改变被连接件系统的刚度。

（3）加载部分由蜗杆、蜗轮、挺杆和弹簧组成，挺杆上贴有应变片，用以测量所加工作载荷的大小，蜗杆一端与电动机相连，另一端装有手轮，启动电动机或转动手轮使挺杆上升或下降，以达到加载、卸载（改变工作载荷）的目的。

三、实验内容

（1）基本螺栓连接的静动态实验。
（2）增加螺栓刚度的静动态实验。
（3）增加被连接件刚度的静动态实验。
（4）改用弹性垫片的静动态实验。

四、实验步骤

（一）实验台及仪器预调与连接

1．实验台

取出八角环上两锥塞，松开空心螺栓上的 M8 小螺杆，装上刚性垫片，转动手轮，使挺杆降下，处于卸载位置。

将两块千分表分别安装在表架上，使表头分别与上板面（靠外侧）和螺栓顶面接触，用以测量连接件（螺栓）与被连接件的变形量。手拧大螺母至恰好与垫片接触。（预紧初始值）螺栓不应有松动的感觉，分别将两块千分表调零。

2．测量仪

配套的 4 根输出线的插头将各点插座连接好，各测点的布置为：电动机侧八角环的上方为螺栓拉力，下方为螺栓扭力。手轮侧八角环的上方为八角环压力，下方为挺杆压力。然后将各测点输出线分别接于测量仪背面 1、2、3、4 各通道的 A、B、C、D 接线端子上，注意黄色线接 B 端子（中点）。

3．计算机

用配套的串口数据线接仪器背面的 9 芯插座，另一头连接计算机上的 A/D 转换器接口。启动计算机，按软件使用说明书要求的步骤操作进入实验台静态螺栓实验界面后。单击"空载调零"按钮后，对"应变测量值"框中数据清零，如串口数据线连接无误，则该输入框中会有数据显示并跳动。

4．调节静动态测量仪

通过测量仪上的选择开关，分别切换至各对应点，调节对应的"电阻平衡"电位器，使数码管显示为"0"，进行测点的电阻平衡。

（二）实验方法与步骤

1．螺栓连接的静态实验

（1）用扭力矩扳手预紧被试螺栓，当扳手力矩为 30～40N·m 时，取下扳手，完成螺栓预紧。
（2）进入静态螺栓界面，将软件中给定的标定系数由键盘输入到相应的"参数给定"框中。将千分表测量的螺栓拉变形和八角环压变形值输入到相应的"千分表值输入"框中。

（3）单击"预紧测试"按钮，对预紧的数据进行采集和处理。

（4）用手将实验台上手轮逆时针（面对手轮）旋转，使挺杆上升至一定高度，对螺栓轴向加载，加载高度≤16mm。高度值可通过塞入ϕ16mm 的测量棒确定，然后将千分表测到的变形值再次输入到相应的"千分表值输入"框中。

（5）单击"加载测试"按钮，进行轴向加载的数据采集和处理。

（6）单击"实测曲线"按钮，画出螺栓连接的受力和变形的实测综合变形图。

（7）单击"理论曲线"按钮，画出螺栓连接的受力和变形的理论曲线图形。

（8）单击"打印"按钮，打印实测曲线图形和理论曲线图形。

（9）完成上述操作后，螺栓连接的静态实验结束，单击"返回"按钮，可返回主界面。

2．螺栓连接的动态实验`

（1）螺栓连接的静态实验结束返回主界面后，单击"动态螺栓"按钮进入动态螺栓实验界面。

（2）重复静态实验方法与步骤中的（3）～（4）步。

（3）取下实验台右侧手轮，开启实验台电动机开关，单击"动态测试"按钮，使电动机运转 30s 左右，进行动态加载工况的采集和处理。

（4）单击"测试曲线"按钮，画出工作载荷变化时螺栓拉力和八角环压力变化实际波形图。

（5）单击"理论曲线"按钮，画出工作载荷变化时螺栓拉力和八角环压力及工作载荷变化的理论波形图。

（6）单击"打印"按钮，打印实测波形图和理论波形图。

（7）完成上述操作后，螺栓连接的动态实验结束。

五、实验项目的调整和标定系数的输入

螺栓连接综合实验台实验时，每个实验项目都需要对实验台进行调整和相应标定系数的输入。

1．螺栓连接的静动态实验

（1）实验台要求：取出八角环上的两锥塞，松开空心螺杆上的 M8 小螺杆，装上刚性垫片。

（2）标定系数：使用软件中的空心螺栓项的给定数据。

2．增加螺栓刚度的静动态实验

（1）实验台要求：取出八角环上的两锥塞，拧紧空心螺杆上的 M8 小螺杆，装上刚性垫片。

（2）标出系数：使用软件中的实心螺栓项的给定数据。

3．增加被连接件刚度的静动态实验

（1）实验台要求：插上八角环上的两锥塞，松开空心螺杆上的 M8 小螺杆，装上刚性垫片。

（2）标定系数：使用软件中的锥塞项的给定数据。

4．改用弹性垫片的静动态实验

（1）实验台要求：取出八角环上的两锥塞，松开空心螺杆上的 M8 小螺杆，装上弹性垫片。

（2）标定系数：使用软件中的弹性垫片项的给定数据。

5．注意事项

（1）电动机的接线必须正确，电动机的旋转方向为逆时针（面向手轮正面）。

（2）进行动态实验，开启电动机电源开关时必须注意把手轮卸下来，避免电动机转动时发生安全事故，并可减少实验台的振动和噪声。

六、思考题

提高螺栓连接强度的措施有哪些？

3.4　带传动的滑动和效率测定

一、实验目的

（1）了解机械传动效率测试系统的工作原理和设备使用方法。

（2）利用实验装置的四路数字显示信息，在不同负载的情况下，手工抄录主动轮转速、主动轮转矩、从动轮转速、从动轮转矩，然后根据此数据计算并绘出弹性滑动曲线 $\varepsilon\text{-}T_2$ 及效率曲线 $\eta\text{-}T_2$。

（3）利用 RS232 串行线，将实验装置与 PC 直接连通。随着带传动负载逐级增加，计算机能根据专用软件自动进行数据处理与分析，并输出滑动曲线、效率曲线和所有实验数据。

二、实验设备

实验设备：DCS-Ⅳ带传动测试系统；实验台机械部分，主要由两台直流电机组成，如图 3-41 所示。其中一台作为原动机，另一台则作为负载的发电机。

1—从动直流发电机；2—从动带轮；3—传动带；4—主动带轮；5—主动直流电动机；6—引绳；7—滑轮；8—砝码；9—拉簧；
10—浮动支座；11—拉力传感器；12—固定支座；13—电测箱；14—标定杆

图 3-41　DCS-Ⅳ 智能带传动实验台机械结构

电测箱操作部分主要集中在箱体正面的面板，面板的布置如图 3-42 所示。

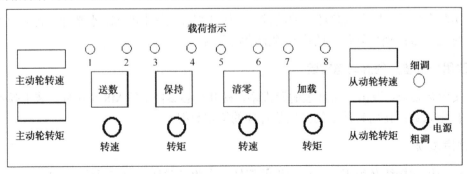

图 3-42　箱体正面

电测箱背面备有微机 RS232 接口，主、从动轮转矩放大，调零旋钮等，其布置情况如图 3-43 所示。

实验台的工作原理：传动带装在主动轮和从动轮上，直流电动机和发电机均由一对滚动轴承支撑，而使电机的定子可绕轴线摆动，从而通过测矩系统，直接测出主动轮和从动轮的工作转矩 T_1 和 T_2。主动轮和从动轮的转速 n_1 和 n_2 通过调速旋钮来调控，并通过测速装置直接显示出来。

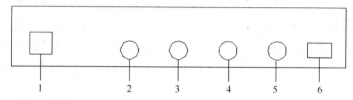

1—电源插座；2—从动力矩放大倍数调节；3—主动力矩放大倍数调节；4—从动力矩调零；5—主动力矩调零；6—RS232 接口

图 3-43　箱体背面

这样，就可以得到在相应工况下的一组实验结果。

带传动的滑动系数为

$$\varepsilon = \frac{n_1 - i n_2}{n_1} \times 100\% \tag{3-5}$$

式中　i——传动比，由于实验台的带轮直径 $D_1 = D_2$，$i = 1$，所以

$$\varepsilon = \frac{n_1 - n_2}{n_1} \times 100\% \tag{3-6}$$

带传动的传动效率为

$$\eta = \frac{P_2}{P_1} = \frac{T_2 n_2}{T_1 n_1} \times 100\% \tag{3-7}$$

式中　P_1、P_2——主动轮、从动轮的功率。

随着发电机负载的改变，T_1、T_2 和 n_1、n_2 值也将随之改变。这样，可以获得几个工况下的值，由此可以给出这套带传动的滑动率曲线和效率曲线。改变带的预紧力 F_0，又可以得到在不同预紧力下的一组测试数据。

三、实验操作步骤

1. 准备工作

（1）检查实验台，使各机件处于完好状态。
（2）将传动带装在主动带轮和从动带轮上。
（3）加上砝码 1，使其产生所需初拉力 F_0。
（4）将电机调速旋钮逆时针方向转到底。

2. 实验步骤

（1）接通电源（单相 220V）。
（2）按"清零"按钮，将调速旋钮顺时针向"高速"方向旋转，电机由启动逐渐增速，同时观察实验台面板上主动轮转速的显示数，其上的数字即为当时的主动电机转速。当主动电机转速达到 1400r/min 左右时，停止转速调节。此时从动电机转速也将稳定地显示在面板上。

（3）在空载状态下调整实验台背面的调零电位器，使从动轮转矩显示的数字在 0.030N·mm 左右，主动轮转矩显示的数字在 0.090N·mm 左右。

（4）待调零稳定后（一般在转动调零电位器后，显示器数字跳动 2～3 次，即可达到稳定值），按"加载"按钮一次，最左第一个加载指示灯亮，待主、从动轮的转矩及转速显示稳定后，调节主动转矩放大倍数电位器，使主动轮转矩增量略大于从动轮转矩增量。显示稳定后，按"清零"按钮，再进行调零。如此反复几次，即可完成转矩零点放大倍数的调节。

（5）加载。在空载时，记录一下主、从动轮转矩与转速值。单击"加载"按钮一次，第一个加载指示灯亮，待显示基本稳定后，记录一下主、从动轮的转矩及转速值。再单击"加载"按钮一次，第二个加载指示灯亮，待显示稳定后，再次记下主、从动轮的转矩及转速值。重复上述操作，直至 8 个加载指示灯亮，记录下 8 组数据，便可以画出带传动的滑动曲线 ε-T_2 图及效率曲线 η-T_2 图。

在记录下各组数据后，应及时单击"清零"按钮。等显示全部熄灭，机构处于空载状态，关电源前，应将电机调速至零，然后再关闭电源。另外，为便于记录数据，在实验台的面板上还设置了"保持"按钮，每次加载数据基本稳定以后，单击"保持"按钮，即可使当时的转矩、转速显示值稳定不变。单击任意按钮，可脱离"保持"状态。

四、实验数据

实验数据记录见表 3-1。

表 3-1　实验数据记录表

序　号	n_1/r/min	n_2/r/min	ε%	T_1/kg·m	T_2/kg·m	η
1						
2						
3						
4						
5						
6						
7						
8						
9						
10						
11						
12						

五、实验结论

用获得的一系列 T_1、T_2、n_1、n_2 值，通过计算又可获得一系列 ε、η 和 P_2（$P_2 = T_2 \cdot n_2$）的值。然后可在坐标纸上或用计算机直接绘制 P_2-ε 和 P_2-η 关系曲线，如图 3-44 所示。

从图上可以看出，ε 曲线上的 A_0 点是临界点，其左侧为弹性滑动区，是带传动的正常工作区。随着负载的增加，滑动系数逐渐增加并与负载成线性关系。当载荷增加到超过临界点 A_0 后，带传动进入打滑区，带传动不能正常工作，所以应当避免。

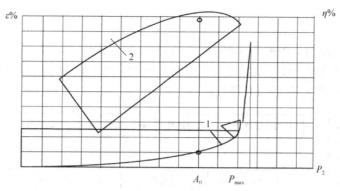

1—滑动率曲线；2—效率曲线

图 3-44 带传动滑动率曲线和效率曲线

六、思考题

（1）带传动的弹性滑动和打滑现象有何区别？它们各自产生的原因是什么？

（2）带传动的张紧力对传动力有何影响？最佳张紧力的确定与什么因素有关？

七、DLS-B 型带传动实验

1. DLS-B 型带传动实验台结构

DLS-B 型带传动实验台如图 3-45 所示。主要由两台直流电机组成，其中一台为原动机，另一台则作为负载发电机。对原动机，由单片机调速装置供给电动机电枢以不同的端电压，实现无级调速；对发电机，每打开一个负载开关，即并上一个负载电阻，使发电机负载逐步增加，电枢电流增加，随之电磁转矩增加，即发电机的负载转矩增大，实现负载的改变。

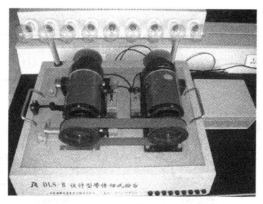

图 3-45 DLS-B 型带传动实验台结构

两台电机均为电压支撑。当传递载荷时，作用于电机定子上的力矩 T_1（主动电动力矩）、T_2（从动电动力矩）迫使压杆作用于压力传感器，传感器输出的电信号正比于 T_1、T_2 的原始信号。

原动机的机座设计成滑动结构，用扳手拧紧螺纹杆即可改变带传动的中心距，从而改变张紧力。两台电机的转速传感器分别安装在带轮背后，由此可获得必需的转速信号。

2．检测系统

实验台检测系统结构框图如图 3-46 所示，实验台配备数据采集箱一只，承担控制检测、数据处理、自动显示等功能。通过微机接口外接 PC，这时就可自动显示并能打印输出带传动的滑动曲线 ε-T_2 和效率曲线 η-T_2 以及有关数据。

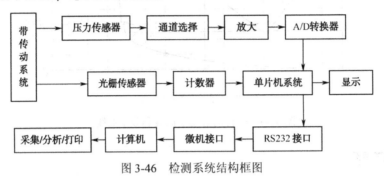

图 3-46　检测系统结构框图

3．操作部分

操作部分主要集中在采集箱正面的面板，正、背面板的布置分别如图 3-47 和图 3-48 所示。

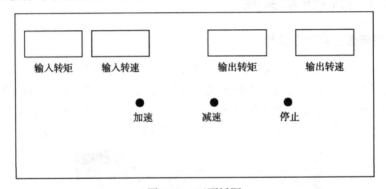

图 3-47　正面板图

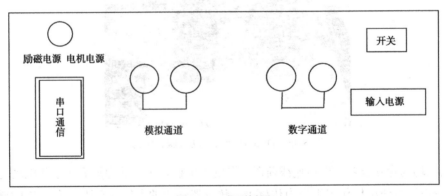

图 3-48　背面板图

4．软件界面操作

带传动效率滑差测试窗体如图 3-49 所示。

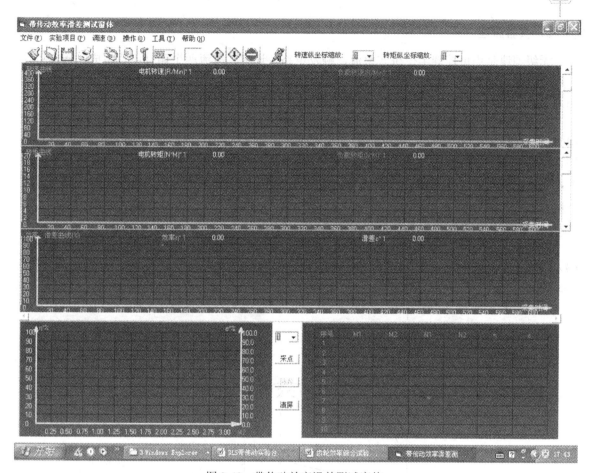

图 3-49　带传动效率滑差测试窗体

单击可执行文件即可进入测试界面。

实测窗体有"文件（F）"、"实验项目（P）"、"调速（D）"、"操作（O）"、"工具（T）"和"帮助（H）"菜单。

（1）"文件（F）"下有"新建"、"打开"、"保存"、"打印"、"退出"五个子菜单，它们分别有"新建一个文件"、"打开一个已保存文件"和"退出"此测试界面的功能。

（2）"实验项目（P）"下有"实验原理"和"效率滑差测试"子菜单，单击可以进入相应的窗体，通过它们来实现实测窗体和实验原理窗体之间的转换。

（3）"调速（D）"下有"加速"、"减速"、"停机"子菜单，分别具有让电动机加速、减速、停止的功能。

（4）"操作（O）"下有"采集"和"停止采集"子菜单，分别有采集信号和停止采集信号的功能。

（5）"工具（T）"下有"选项"子菜单，单击后出现选项卡，可以通过选择"纵坐标缩放"、"转矩"、"转速"、"滤波系数"各选项来对实测窗体进行相关的设置。

（6）还可以选择"帮助"菜单来获得相关的帮助信息。

在菜单栏的下面有工具栏，工具栏上有很多的快捷图标，只要把鼠标停留在快捷图标上，系统会自动提示其相应的功能。通过快捷图标可以实现菜单栏里的所有功能。

5．实验原理

无级调速是由可控硅半控桥式整流，触发电路及速度、电流两个调整环节组成。接通单片机后侧电源后，旋转单片机面板上的加速与减速旋钮，即可实现无级调速，电动机的转速值范围为 500～600r/min，数码管能显示出其转速。

加载与控制负载大小，是通过改变发电机激磁电压实现的。本实验机设有变阻器和调压器，用来调节发电机的激磁电压。电动机的主动轮通过传动带使从动轮转动，接通发电机电枢电阻，按下实验台右下侧的按钮，可改变电阻器的电阻值，逐步加大发电机激磁电压，使电枢电流增大，随之电磁扭矩增大。由于电动机与发电机产生相反的电磁转矩，发电机的电磁转矩对电动机而言，即为负载转矩。所以改变发电机的激磁电压，也就实现了负载的改变。使用时，通过观察实验台面板上的亮灯数目，即可得知负载的大小。

通过实验可得带传动的效率 η 与负载的关系，如图 3-50 所示，在临界点 A 以内，传递载荷越大滑差（n_1-n_2）越大、滑动系数 ε 越大，在弹性滑动区滑动曲线几乎是直线；在临界点 A 处，η 最高。

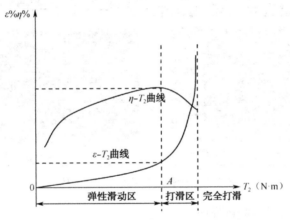

图 3-50　带传动的滑动曲线和效率曲线

6．实验操作步骤

（1）选定实验带（本实验台提供了平带与三角带两种实验带），并将相应的带轮安装至电动机上。

（2）电路连接：将实验台主动电机与从动电机的两个光电传感器与两个测力传感器分别接至数据采集箱背板上的数字通道与模拟通道上。同时将电动机的励磁、电枢引线分别与控制箱的相应电源接头相接。

（3）实验张紧力的调整：调整带轮的距离至适当位置，选择实验张紧力。打开电源，调节控制箱面板上的调速按钮（加速），使主动机转速达到 500～600r/min，逐一打开电灯开关，使从动电机承担负载。当打开全部 9 个灯泡时，张紧力应保证带传动处于完全打滑或接近完全打滑的状态。此时的张紧力即可确定为实验张紧力。

（4）实验阶段：将数据采集箱串口与计算机串口相连。打开电源，单击"采集"和"清零"按钮。启动电机，调节调速按钮，使主动机转速达到 300～400r/min。观察采集曲线是否平稳，电机运转是否正常。打开一个负载开关，数据稳定后单击"采集"按钮采集数值。依次增加负载，直至带传动完全打滑。

（5）若不用计算机绘制曲线，可将 n_1、n_2、M_1、M_2 的值记录在提供的实验数据记录表格中计算滑差率 ε 和效率 η，在坐标纸上绘制曲线。

（6）打印曲线。

（7）关闭灯泡，关闭电源。松开调节螺栓，将带松卸。

（8）注意事项：

① 若显示数据失常，重启一次电源即可。

② 启动电机之前，应关闭负载。

7．实验结果

（1）实验数据记录表见表 3-2。

表 3-2　实验数据记录表

项目 序号	n_1 r/min	n_2 r/min	T_1 N·m	T_2 N·m	P_1 kW	P_2 kW	ε %	η %
1								
2								
3								
4								
5								
6								
7								
8								

（2）绘制弹性滑动曲线及效率曲线。

8．思考题

（1）简述 DLS-B 设计型带传动实验台工作原理。

（2）叙述带传动滑差和传动效率的测定方法。

3.5　液体动压滑动轴承油膜压力及摩擦特性测定

一、实验目的

（1）测定和绘制径向滑动轴承油膜压力曲线，求轴承的承载能力。

（2）观察载荷和转速改变时油膜压力的变化情况。

（3）观察径向滑动轴承油膜的轴向压力分布情况。

（4）了解径向滑动轴承的摩擦系数 f 的测量方法和摩擦特性曲线的绘制原理及方法。

二、实验设备

HZSB-III 型液体动压滑动轴承实验台如图 3-51 所示。

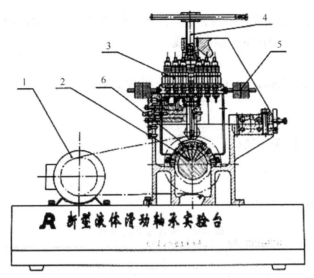

1—电机；2—碾子；3—油压传感器；4—加载杆；5—平衡块；6—轴瓦

图 3-51　HZSB-Ⅲ型液体动压滑动轴承实验台

1. 实验台的传动装置

由直流电动机通过 V 带传动驱动轴沿顺时针（面对实验台板）方向转动。由单片机控制调速来实现轴的无级调速。本实验台的转速范围为 3～300r/min，轴的转速由控制箱上的右侧数码管直接读出，或由软件界面内的读数窗口读出。

2. 轴与轴瓦间的油膜压力测量装置

轴的材料为 45 号钢，经表面淬火、磨光，由滚动轴承支撑在箱体上，轴的下半部浸泡在润滑油中，本实验台采用的润滑油的牌号为 0.34Pa·s。轴瓦的材料为铸锡青铜，牌号为 ZCuSn5Pb5Zn5。在轴瓦的一个径向平面内沿圆周钻有 7 个小孔，每个小孔沿圆周相隔 20°，每个小孔连接一个压力传感器，用来测量该径向平面内相应点的油膜压力，由此可绘制出径向油膜压力分布曲线。沿轴瓦的一个轴向剖面装有两个压力传感器，用来观察有限长滑动轴承沿轴向的油膜压力分布情况。

3. 加载装置

油膜的径向压力分布曲线是在一定的载荷和一定的转速下绘制的。当载荷改变或轴的转速改变时测出的压力值是不同的，所绘出的压力分布曲线的形状也是不同的。本实验台采用螺旋加载，转动螺旋杆即可改变载荷的大小，所加载荷之值通过传感器检测，直接在测控箱面板左侧显示窗口上读出来（取中间值）。这种加载方式的主要优点是结构简单、可靠，使用方便，载荷的大小可任意调节。

4. 摩擦系数 f 测量装置

主轴瓦上装有测力杆，通过测力压力传感器检测压力，经过单片机数据处理可直接得到摩擦力矩值。

摩擦系数 f 之值可通过测量轴承的摩擦力矩而得到。轴转动时，轴对轴瓦产生周向摩擦力 F，其摩擦力矩为 $M_f = F \cdot d/2$，它使轴瓦翻转，轴瓦上测力压头将力传递至压力传感器，测力传感器的检测值乘以力臂长 L，就可以得到摩擦力矩值，经计算就可得到摩擦系数 f 值。

根据力矩平衡条件可得

$$M_f = F \cdot d/2 = LQ \tag{3-8}$$

式中　L——测力杆的长度（本实验台 L=120mm）；

　　　Q——作用在轴瓦处的反力。

设作用在轴上的外载荷为 W，则

$$f = \frac{F}{W} = \frac{2LQ}{W \cdot d}$$

由式（3-8）可知 $M_f = LQ$（其值可直接读到或在计算机软件中显示出来），所以：

$$f = \frac{2M_f}{W \cdot d} \tag{3-9}$$

在边界摩擦时，f 随轴承的特性系数 λ 的增大变化很小（由于 n 值很小，建议用手慢慢转动轴），进入混合摩擦后，λ 的改变引起 f 的急剧变化，在刚形成液体摩擦时 f 达到最小值，此后，随 λ 的增大油膜厚度也随之增大，因而 f 也有所增大。

径向滑动轴承的摩擦系数 f 随轴承的特性系数（$\lambda = \eta \cdot n/p$）的值改变而改变。其中，η 为油的动力黏度，单位为 Pa·s。可根据油的型号及有关图标查得。本实验中，我们假设油温即为室温，一般取 25℃；n 为轴的转速；p 为压力；p=W/Bd；W 为轴上的载荷；B 为轴瓦的宽度；d 为轴的直径（本实验台 B=125mm，d=70mm）。

三、液体动压滑动轴承的工作原理

利用轴承与轴颈配合面之间形成的楔形间隙使轴颈在回转时产生泵油作用，将润滑油挤入摩擦表面之间，建立起压力油膜，将两个摩擦面分离开来，形成液体摩擦支撑外载荷从而避免两个摩擦表面的直接接触和磨损，我们把这种轴承称为液体动压滑动轴承。

如图 3-52 所示为径向滑动轴承。图 3-52（a）所示为轴颈处于静止状态，在外载荷 F 作用下，轴颈与轴承孔在 A 点接触，并形成楔形间隙。图 3-52（b）所示为轴颈开始转动，由于摩擦阻力的作用，使轴颈沿轴承孔壁爬行，在 B 点接触。随着转速的升高，由于润滑油的黏性和吸附作用而被带入楔形间隙，使油受挤而产生压力。轴颈的转速越高，带进的油量就越多，油压就越大。图 3-52（c）所示为轴颈达到工作转速时，油压在垂直方向的合力与外载荷 F 平衡，润滑油把轴颈抬起，隔开摩擦表面而形成液体润滑。必须指出，液体动压滑动轴承的轴颈与轴承孔是不同心的。

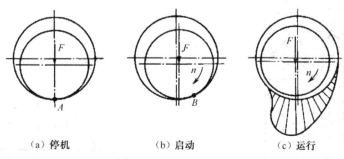

（a）停机　　　　　　（b）启动　　　　　　（c）运行

图 3-52　径向滑动轴承

四、实验步骤

1．准备工作

（1）用汽油将油箱清理干净，加入 N68（40#）机油至 1/3 轴处。

（2）加载螺旋杆旋至与负载传感器脱离接触。

（3）将光电传感器接至测控箱背板的数字通道 1 上，从左至右依次将管路压力传感器接至控制箱上的模拟通道 1～7 上，将轴上的管路压力传感器接至模拟通道 8 上，摩擦力矩检测传感器接至模拟通道 10 上，负载荷重压力传感器接至模拟通道 9 上。

（4）将电机电源线插入控制盒电机电源输出口。

（5）将计算机与控制箱用串口线相连。

（6）启动电机，在 100～250r/min 运行 3～4min。

2．绘制径向油膜压力分布曲线与承载曲线

（1）开启控制箱电源，按动面板上的"加速"调速按钮，将主轴的转速调整到一定值（可取 200r/min 左右，转速值在测控箱面板的右侧显示窗口显示）。

（2）旋动加载螺旋杆加载（约 200N，加载值在控制面板的左侧显示窗口显示）。

（3）待各压力传感器的压力值稳定后，由左至右依次记录各压力传感器的压力值。

（4）调节转速并逐次记录有关数据（保持加载力不变）。

（5）若使用计算机进行数据分析可打开相关界面。

（6）卸载、关机。

（7）根据测出的各压力传感器的压力值，按一定比例绘制出油压分布曲线与承载曲线，如图 3-53 所示。此图的具体画法是：沿着圆周表面从左到右划分角度分别为 30°、50°、70°、90°、110°、130°、150°，分别得出油孔点 1、2、3、4、5、6、7 的位置。通过这些点与圆心 O 连线，在各连线的延长线上，将压力传感器（比例：0.1MPa=5mm）测录的压力值分别画出压力线 1-1'、2-2'、3-3'、…、7-7'。将 1'2'、2'3'、…、6'7' 格点连成光滑的曲线，此曲线就是所测轴承的一个径向截面的油膜径向压力分布曲线。

同理，可绘制出轴向油膜压力分布曲线，如图 3-54 所示，可分析实测实验数据，比较确定出最大油膜压力点的位置。

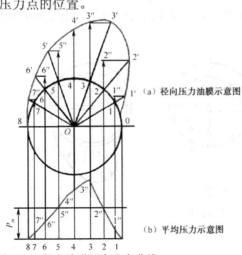

（a）径向压力油膜示意图

（b）平均压力示意图

图 3-53　径向油膜压力分布曲线

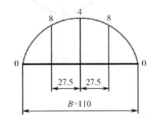

图 3-54　轴向油膜压力分布曲线

为了确定油膜的承载量，用 $P_l\sin\Phi_l$（l=1，2，$\cdots$，7）求得向量 1-1′、2-2′、3-3′、$\cdots$、7-7′ 在载荷方向（即 y 轴的投影值）。角度 Φ_l 与 $\sin\Phi_l$ 的对应数值见表 3-3。

表 3-3 Φ_l 与 $\sin\Phi_l$ 的对应数值

Φ_l	30°	50°	70°	90°	110°	130°	150°
$\sin\Phi_l$	0.5000	0.7660	0.9397	1.00	0.9397	0.7660	0.5000

然后将 $P_l\sin\Phi_l$ 这些平行于 y 轴的向量移到直径 0～8 上。为清楚起见，将直径 0～8 平移到图 3-53 的下部，在直径 0″～8″ 上先画出轴承表面上油孔位置的投影点 1″、2″、$\cdots$、8″，然后通过这些画出上述相应的各点压力在载荷方向的分量，即 1″、2″、$\cdots$、7″ 等点，将各点平滑连接起来，所形成的曲线即为承载量曲线。

在直径 0″～8″ 上做一个矩形，采用方格纸，使其面积与曲线所包围的面积相等，矩形的一个边长为轴承宽度 B，另一个边长为平均单位压力 P_m，那么矩形的面积即为轴承内油膜的承载量 q，其值为

$$q = W = \Phi P_m B d \tag{3-10}$$

式中　q——轴承内油膜承载量；

　　　Φ——端泄对承载能力影响系数，一般取 0.7；

　　　P_m——径向平均单位压力；

　　　B——轴瓦宽度；

　　　d——轴的直径。

将求得的承载量 q 与实际载荷 W 加以分析比较。

3. 绘制摩擦系数 f 与摩擦特性系数 λ 的变化关系曲线

（1）将压力加载至 200kg，依次将转速调高，利用采集箱上的窗口读出主轴转速值及摩擦力矩值。

（2）计算摩擦系数 f，即

$$f = \frac{2M_f}{W \cdot d}$$

（3）计算摩擦特性系数 λ，即

$$\lambda = \eta \cdot n/p$$

再实验一次，过程中保持 p 恒定，通过改变 n 值来改变 λ。

（4）根据计算的 f 及 λ 绘制 f-λ 曲线。

（5）在分析软件里只要单击"检测"控件，就可在已设置好的 f-λ 坐标系内得到一个相应的坐标点，不同工作状态的 f-λ 点将连成 f-λ 变化曲线。

（6）将 p 分别恒定在 200kg、250kg 两个值上进行实验，所得到的 f-λ 曲线应基本吻合。

五、实验结果

（1）实验数据记录见表 3-4。

（2）液体动压滑动轴承油膜承载能力曲线如图 3-55 所示。

（3）摩擦系数 f 与摩擦特性系数 λ 的变化关系曲线如图 3-56 所示。

径向油膜压力分布　　　　轴向油膜压力分布

单位：MPa

序号	P_1	P_2	P_3	P_4	P_5	P_6	P_7	P_8
1	0.017	0.004	0.038	0.060	0.030	0.004	0.000	0.000
2	0.017	0.004	0.038	0.106	0.089	0.004	0.000	0.247
3	0.017	0.004	0.038	0.153	0.157	0.004	0.000	0.315
4	0.017	0.004	0.038	0.200	0.209	0.021	0.000	0.315
5	0.017	0.004	0.035	0.234	0.247	0.021	0.000	0.315
6	0.017	0.004	0.055	0.281	0.281	0.038	0.000	0.315
7	0.017	0.004	0.055	0.306	0.319	0.055	0.000	0.315
8	0.017	0.021	0.055	0.311	0.328	0.038	0.000	0.315
9	0.021	0.021	0.089	0.306	0.289	0.068	0.000	0.302

图 3-55　滑动轴承油压曲线

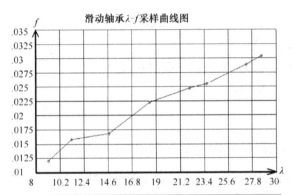

序号	F/kg	T_n/kg	Speed/r/min	λ	f
1	1.373	154.904	198.889	28.660	0.03040
2	1.305	155.043	189.444	27.274	0.02885
3	1.181	158.536	167.778	23.623	0.02553
4	1.119	155.254	153.333	22.045	0.02471
5	1.010	155.512	128.333	18.420	0.02226
6	0.788	160.041	105.556	14.722	0.01688
7	0.734	159.549	80.556	11.270	0.01578
8	0.550	157.218	64.444	9.150	0.01199
9					
10					
11					
12					
13					
14					
15					

图 3-56　摩擦系数 f 与摩擦特性系数 λ 变化关系曲线

表 3-4　实验数据记录

P/kg	n/r/min	油压读数/kg/cm²								摩擦力矩值（M_f）
		1	2	3	4	5	6	7	8	
200										
250										

六、思考题

（1）液体动压滑动轴承形成动压油膜的必要条件是什么？

（2）为什么油膜压力曲线会随转速改变而改变？

（3）为什么摩擦系数会随转速改变而改变？

（4）分析实验结果及曲线，找出液体动压滑动轴承动压油膜压力最大点的位置，并分析影响动压油膜承载能力的因素有哪些。

七、补充知识

液体动压轴承承载的流体力学原理——楔效应承载机理

如图 3-57 所示，A、B 两板平行，板间充有一定黏度的润滑油，板 B 静止不动，板 A 以速度 V 沿 X 方向运动。由于润滑油的黏性及它与平板间的吸附作用，与板 A 紧贴的流层的流速 v 等于 V，其他各流层的流速 v 则按直线规律分布。这种流动是由于油层受到剪切作用而产生的，所以称为剪切流。这时通过两平行板间的任何垂直截面处的流量皆相等，润滑油虽能维持连续流动，但油膜对外载荷并无承载能力（这里忽略了流体受到挤压作用而产生压力的效应）。

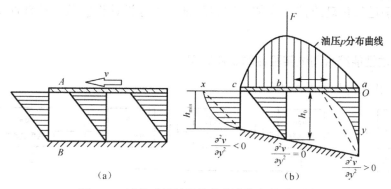

图 3-57　液体动压轴承承载的流体力学原理图

当两平板相互倾斜使其间形成收敛间隙，且移动的运动方向是从间隙较大的一方移向间隙较小的一方时，若各油层的分布规律如图中的虚线所示，那么进入间隙的油量必然大于流出间隙的流量。设液体是不可压缩的，则进入此楔形间隙的过剩油量，必将由进口 a 及出口 c 两处截面被挤出，即产生一种因压力而引起的流动称为压力流。这时，楔形收敛间隙中油层流动速度将由剪切流和压力流二者叠加，因而进口油的速度曲线呈内凹形，出口呈凸形。只要连续充分地提供一定黏度的润滑油，并且 A、B 两板相对运动速度 V 足够大，流入楔形收敛间隙流体产生的动压力是能够稳定存在的。这种具有一定黏度的流体流入收敛间隙而产生压力的效应称为流体动力润滑的楔效应。

由上可知，形成流体动力润滑（即形成动压油膜）的必要条件是：

（1）相对运动的两表面间必须形成收敛的楔形间隙。

（2）被油膜分开的两表面必须有一定的相对滑动速度，其运动方向必须是润滑油由大口流进，从小口流出。

（3）润滑油必须有一定的黏度，供油要充分。

3.6 机械传动性能综合测试

一、实验目的

（1）掌握转速、转矩、功率和传动效率等机械传动性能参数测试的基本原理和方法。
（2）验证在传动中存在摩擦损耗，输出功率总是小于输入功率，效率总是小于100%。
（3）了解机械传动性能参数测试实验台的基本构造及其工作原理。
（4）分析传动系统效率损失的主要原因，掌握常用传动系统的特点。

二、实验仪器与设备

JCZS-Ⅱ型机械传动性能综合实验台，如活动扳手、内六角扳手、起子等。

本实验台采用模块化结构，由带传动、链传动等不同种类的机械传动装置、联轴器、变频电机、加载装置和控制柜等模块组成，学生可以根据选择或设计的实验类型、方案和内容，自己动手进行传动连接、安装调试和测试，进行设计性实验、综合性实验或创新性实验。

1. 机械传动性能综合测试实验台的工作原理

实验台的工作原理如图3-58所示。

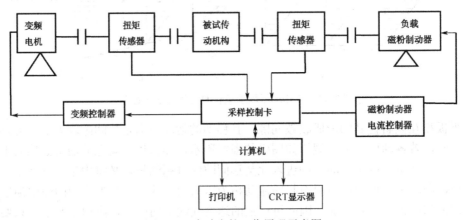

图 3-58   实验台的工作原理示意图

2. 设备结构布局

JCZS-Ⅱ型机械传动性能综合实验台主要由控制（配件）柜、安装平板、驱动源、负载以及减速器、联轴器、传动支撑组件、带、链、三角带轮、链轮库等组成。安装平板上加工有 T 形槽（横向4根，纵向6根）可满足不同机械传动系统安装的需要。实验台的结构布局如图3-59所示。

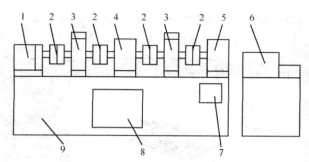

1—变频调速电机；2—联轴器；3—转矩转速传感器；4—试件；5—加载与制动装置；6—工控机；7—变频器；

8—电气控制柜；9—台座

图 3-59　实验台的结构布局

主要设备说明：

（1）JC 型转矩转速传感器，用于测试输入/输出的转矩和转速。

（2）PI-100 型转矩转速测量仪，用于显示转矩、转速和功率。

（3）磁粉制动器，用于增加载荷。

（4）电动机，用于驱动测试对象。

（5）CB2000 型卡式扭矩仪及计算机，用于显示转矩、转速和功率。

实验台组成部件的主要技术参数见表 3-5。

表 3-5　实验台组成部件的主要技术参数

序　号	组 成 部 件	技 术 参 数	备 注
1	变频调速电机	额定功率为 0.550kW，电压为 380/220V	YP-50-055-4
2	转矩转速传感器	最大工作载荷为 50N·m	JN338A
3	机械传动装置（试件）	直齿圆柱齿轮减速器：$i=5$ 蜗杆减速器：$i=10$ V 形带传动：参考中心距 $L=400$mm 同步带传动：节距 $p=5$mm，$Z_1=40$，$Z_2=62$ 参考中心距：$L=400$mm 齿形带：节距 $p=5$，带长 $L=1050$mm 套筒滚子链传动：节距 $p=12.7$mm，$Z_1=17$，$Z_2=25$ 中心距：$L=400$mm 链节数为 88	
4	磁粉制动器	额定转矩：50 N·m 激磁电流：2A 允许滑差功率：1.1kW	DFZ-5
5	工控机		

3. 系统软件说明

（1）运行软件：双击桌面的快捷方式 进入软件运行环境。

（2）软件运行界面如图 3-60 所示。

以上就是软件的运行界面，单击"登录系统"按钮进入主程序界面，单击"帮助"按钮可以查看帮助文件。

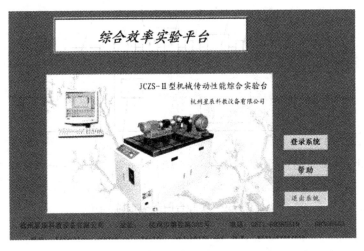

图 3-60　软件运行界面

三、实验原理

1. 输入功率 P_i

机械传动中，输入功率应等于输出功率与机械内部损耗功率之和，即

$$P_i = P_0 + P_f \tag{3-11}$$

式中　P_i——输入功率（kW）；

　　　P_0——输出功率（kW）；

　　　P_f——机械内部所消耗的功率（kW）。

2. 机械效率 η

$$\eta = \frac{P_0}{P_i} \tag{3-12}$$

由力学知识可知，若设其传动转矩为 T，角速度为 ω，则对应的功率为

$$P_0 = \frac{T\omega}{1000} = \frac{2\pi n}{60 \times 1000}T = \frac{\pi n T}{30000} \tag{3-13}$$

式中　n——传动机械的转速（r/min）；

　　　T——传动转矩（N·m）；

　　　P_0——输出功率（kW）。

所以传动效率 η 可改写为

$$\eta = \frac{T_0 n_0}{T_i n_i} \tag{3-14}$$

四、实验操作步骤

（1）布置、安装被测机械传动装置（系统）。注意选用合适的调整垫块，确保传动轴之间的同轴线要求。本实验拟测定圆柱齿轮减速器——链传动组合传动系统的效率，其传动路线为

变频电机→弹性柱销联轴器→转矩转速传感器→弹性柱销联轴器→

圆柱齿轮减速器→弹性柱销联轴器→传动支撑组件→链传动→传动支撑组件→

弹性柱销联轴器→转矩转速传感器→弹性柱销联轴器→磁粉制动器（负载）

（2）打开实验台电源总开关和工控机电源开关。

（3）单击"Test"按钮显示测试控制系统主界面，熟悉主界面的各项内容。

（4）键入实验教学信息：实验类型、实验编号、小组编号、实验人员、指导老师、实验日期等。

（5）单击"设置"按钮，确定实验测试参数，如转速 n_1、n_2，扭矩 M_1、M_2 等。

（6）打开串口，如图 3-61 所示。PC 通过 RS232 串口与实验设备连接，软件默认选择的是 COM1 端口，如果用户连接的 PC 串口不是第一个 COM1，请选择到相应端口。

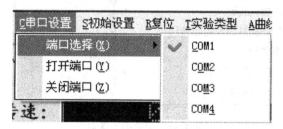

图 3-61　串行端口选择

（7）选择需要实验的机构类型。

根据机构运动方案搭建的机构类型在软件主程序界面（如图 3-62 所示）上菜单栏"实验类型"中选定实验机构类型——带传动→三角皮带传动，如图 3-63 所示。

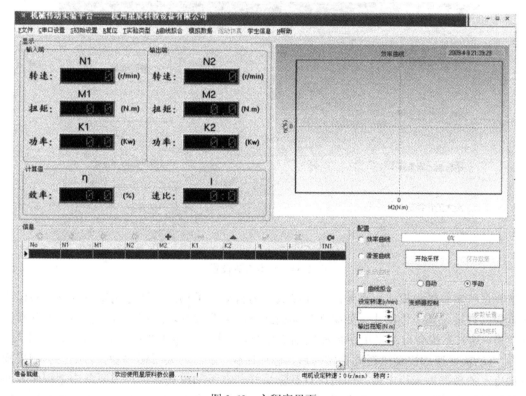

图 3-62　主程序界面

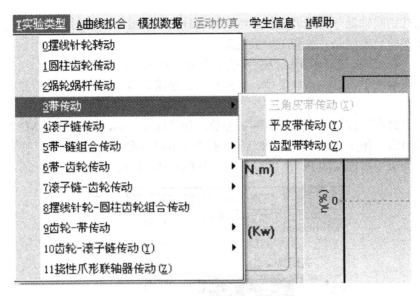

图 3-63　实验类型选取

（8）初始设置

基本参数设置，如图 3-64 所示。根据具体实验机构设置相应的最大工作载荷和机构传动速比。

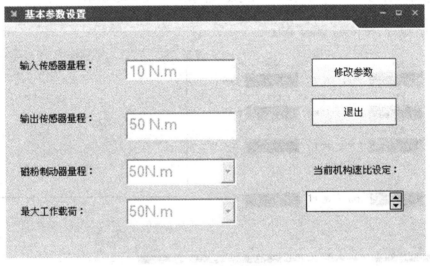

图 3-64　基本参数设置

选择系统实验工作模式。系统的工作模式分为自动、手动。可通过初始设置→实验模式或在配置界面直接设置工作模式。如果在自动模式下，需要设置转速和变频器转向，保存参数后启动电机，这时系统会自动采集参数和控制变频器输出转速。单击"启动主电机"按钮进入"实验"。使电动机转速加快至接近同步转速后，进行加载。加载时要缓慢平稳，否则会影响采样的测试精度，待数据显示稳定后，即可进行数据采样。在手动模式下，只需要单击主程序界面中的"开始采样"按钮就可采样数据了。用户通过控制主程序界面右下角扭矩控制条来控制磁粉制动器的输出扭矩。分级加载，分级采样，采集数据 10 组左右即可。

（9）保存数据、显示曲线、拟合曲线。

用户可以通过单击"保存数据"按钮来保存一组当前采集的实验数据，供用户以后查看。删除当前记录会删除当前选中的数据栏中数据，清空记录会删除当前所有采集的数据（注：此操作对数据是不可恢复的）。当前用户采集到足够数据后，就可以通过选择曲线显示选项来显示曲线以及拟合曲线，确认实验结果。单击"曲线拟合"按钮，确定实验分析所需项目：曲线选项、绘制曲线、打印表格等。

（10）打印实验结果。

（11）结束测试。注意逐步卸载，关闭电源开关。

五、实验注意事项

（1）搭接实验装置前应仔细阅读本实验台的说明书，熟悉各主要设备性能、参数及使用方法，正确使用仪器设备及教学专用软件。

（2）搭接实验装置时，由于电动机、被测试传动装置、传感器、加载器的中心高不一致，搭接时应选择合适的垫板、支撑座、联轴器，调整好设备的安装精度，从而保证测试的数据精确。

（3）在搭接好实验装置后，用手驱动电机轴，如果装置运转灵活，便可接通电源，进入实验装置，否则应仔细检查并分析造成运转干涉的原因，并重新调整装配，直到运转灵活。

（4）本实验台采用风冷却磁粉制动器方式，注意其表面温度不能超过 80℃，实验结束后应及时卸除负载。

（5）在施加实验载荷时，无论手动方式还是自动方式都应平稳加载，并最大加载不得超过传感器的额定值。

（6）无论做何种实验，都应先启动主电机后再加载荷，严禁先加载后启动。

（7）在实验过程中，如遇电机转速突然下降或者出现不正常噪音和震动时都应按紧急停车按钮，防止烧坏电机或引发其他意外事故。

（8）变频器出厂前所有参数均已设置好，无须更改。

六、实验结果

（1）画出测试的机械系统机构传动示意图。

（2）记录有关试验数据及曲线。

七、思考题

（1）效率随负载的增加如何变化？试分析原因。

（2）转速随负载变化如何变化？试分析原因。

（3）如果把链传动布置在圆柱齿轮减速器的前面，效率和传动平稳性会发生怎样的变化？哪种布置方式更好？说明原因。

（4）分析传动系统效率损失的主要原因有哪些？串联机组的效率如何计算，其总效率受哪些因素影响？

（5）观察链传动，链速是否为常数，从动链轮的转速是否均匀，转速的增加对其有何影响？分析减小链传动运动不均匀的措施有哪些。

（6）常用联轴器的种类及其使用场合是什么？

（7）机械效率的含义是什么？其表达式有哪几种？

（8）写出链传动的平均链速、平均传动比和瞬时传动比的计算公式。

（9）为什么滚子链的链节数一般为偶数？

3.7　减速器的拆装与结构分析

一、实验目的

（1）了解减速器的整体结构及工作要求。

（2）了解减速器的箱体零件、轴、齿轮等主要零件的结构及加工工艺。

（3）了解减速器主要部件及整机的装配工艺。

（4）了解齿轮、轴承的润滑、冷却及密封。

（5）了解轴承及轴上零件的调整、固定方法，以及消除和防止零件间发生干涉的方法。

（6）了解拆装工具与减速器结构设计间的关系，为课程设计做好前期准备。

二、实验设备和工具

（1）Ⅱ级圆柱齿轮传动减速器的结构，如图 3-65 所示。

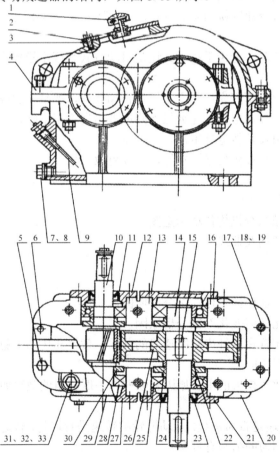

1—通气塞；2—窥视孔盖板；3—连接螺钉；4—箱盖；5—起盖螺钉；6—定位销；7—放油塞；8—放油塞密封圈；9—油标尺；
10—Ⅰ轴；11—皮碗密封圈；12、13—轴承端盖；14—Ⅱ轴；15—圆头平键；16—垫片；17—连接螺栓；18—螺母；19—弹簧垫片；
20—箱座；21—端盖；22—套筒；23—密封圈；24—挡油环；25—滚动轴承；26—齿轮；27—端盖；28—滚动轴承；29—垫片；
30—挡油环；31、32、33—连接螺栓

图 3-65　减速器的结构

（2）游标卡尺，钢尺。

（3）常用扳手，螺丝刀、木锤等工具。

三、实验方法

在实验室首先由实验指导教师对几种不同类型的减速器现场进行结构分析、介绍，并对其中一种减速器的主要零、部件的结构及加工工艺过程进行分析、讲解及介绍。再由学生们分组进行拆装，指导及辅导教师解答学生们提出的各种问题。在拆装过程中学生们进一步观察、了解减速器的各零、部件的结构、相互间配合的性质、零件的精度要求、定位尺寸、装配关系及齿轮、轴承润滑、冷却的方式及润滑系统的结构和布置，输出、输入轴与箱体间的密封装置及轴承工作间隙调整方法及结构等。

四、实验步骤及问题思考

1. 观察外形及外部结构

（1）观察外部附件，分清哪个是起吊装置，哪个是定位销、起盖螺钉、油标、油塞，它们各起什么作用？布置在什么位置？

（2）箱体、箱盖上为什么要设计筋板？筋板的作用是什么，如何布置？

（3）仔细观察轴承座的结构形状，应了解轴承座两侧连接螺栓应如何布置，支撑螺栓的凸台高度及空间尺寸应如何确定？

（4）铸造成型的箱体最小壁厚是多少？如何减轻其质量及表面加工面积？

2. 拆卸窥视孔盖

（1）窥视孔起什么作用？应布置在什么位置及设计多大才是适宜的？

（2）窥视孔盖上为什么要设计通气孔？孔的位置应如何确定？

（3）窥视孔盖采用几个螺钉连接？螺钉的位置如何？

3. 拆卸箱盖

（1）拆卸轴承端盖紧固螺钉（嵌入式端盖无紧固螺钉）。

（2）拆卸箱体与箱盖连接螺栓，起出定位销钉，拧松起盖螺钉，卸下箱盖。

（3）在用扳手拧紧或松开螺栓螺母时扳手至少要旋转多少度才能松紧螺母，这与螺栓中心到外箱壁间距离有何关系？设计时距离应如何确定？

（4）起盖螺钉的作用是什么？与普通螺钉结构有什么不同？

（5）如果在箱体、箱盖上不设计定位销，将会产生什么样的后果？为什么？

4. 观察减速器内部各零部件的结构和布置

（1）箱体的分箱面上的沟槽有何作用？

（2）看清被拆的减速器内的轴承是油剂还是脂剂润滑，若采用油剂润滑，应了解润滑油剂是如何导入轴承内进行润滑的？如果采用脂剂应了解如何防止箱内飞溅的油剂及齿轮啮合区挤压出的热油剂冲刷轴承润滑脂？两种情况的导油槽及回油槽应如何设计？

（3）轴承在轴承座上的安放位置离箱体内壁有多大距离，在采用不同的润滑方式时距离应如何确定？

（4）测量一下齿轮与箱体内壁的最近距离，设计时的距离尺寸应如何确定？

（5）用手轻轻转动高速轴，观察各级啮合时齿轮有无侧隙？并了解侧隙的作用。

（6）观察箱内零件间有无干涉现象，并观察结构中是如何防止和调整零件间相互干涉的。

（7）观察调整轴承工作间隙（周向和轴向间隙）结构，在减速器设计时采用不同轴承应如何考虑调整工作间隙装置？

（8）设计时应如何考虑对轴的热膨胀进行自行调节。

（9）测量各级啮合齿轮的中心距。

5．从箱体中取出各传动轴部件

（1）观察轴上大、小齿轮结构，了解大齿轮上为什么要设计工艺孔？其目的是什么？

（2）轴上零件是如何实现周向和轴向定位、固定的？

（3）各级传动轴为什么要设计成阶梯轴，不设计成光轴？设计阶梯轴时应考虑什么问题？

（4）采用直齿圆柱齿轮或斜齿圆柱齿轮时，各有什么特点？其轴承在选择时应考虑什么问题？

（5）计数各齿轮齿数，计算各级齿轮的传动比，高、低各级传动比是如何分配的？

（6）测量大齿轮齿顶圆直径 d_a，估算各级齿轮模数 m。测量最大齿轮处箱体分箱面到内壁底部的最大距离 H，并计算大齿轮的齿顶（下部）与内壁底部距离 $L = H - \dfrac{d_a}{2}$，L 值的大小会影响什么？设计时应根据什么来确定 L 值？

（7）观察输入、输出轴的伸出端与端盖采用什么形式的密封结构。

（8）观察箱体内油标（油尺）、油塞的结构及布置。设计时应注意什么？油塞的密封是如何处理的？

6．装配

（1）检查箱体内有无零件及其他杂物留在箱体内，擦净箱体内部，将各传动轴部件装入箱体内。

（2）将嵌入式端盖装入轴承压槽内，并用调整垫圈调整好轴承的工作间隙。

（3）将箱内各零件，用棉纱擦净，并涂上机油防锈。再用手转动高速轴，观察有无零件干涉。无误后，经指导教师检查后合上箱盖。

（4）松开起盖螺钉，装上定位销，并打紧。装上螺栓、螺母用手逐一拧紧后，再用扳手分多次均匀拧紧。

（5）装好轴承小盖，观察所有附件是否都装好。用棉纱擦净减速器外部，放回原处，摆放整齐。

（6）清点好工具，擦净后交还指导教师验收。

五、实验结果

（1）实验数据记录参见表 3-6。

表 3-6 减速器拆装实验数据记录

名　　称	符　号	减速器类型及整体尺寸
大齿轮顶圆（蜗轮外圆）与箱体内壁距离	Δ	

续表

名　　称		符　号	减速器类型及整体尺寸
齿轮端面（蜗轮端面）与箱体内壁距离		Δ_1	
轴承安装位置距离箱体内壁有多大距离		l_2	
齿轮传动的齿侧间隙		j_{t0}	
中心距	第 1 级	a_1	
	第 2 级	a_2	
齿轮齿数	1	Z_1	
	2	Z_2	
	3	Z_3	
	4	Z_4	
齿轮传动比	第 1 级	i_1	
	第 2 级	i_2	
大齿轮外径	第 1 级	D_{a2}	
	第 2 级	D_{a4}	
齿轮法向模数	第 1 级	m_n	
	第 2 级	m_n	
中心高		H	

（2）画出减速器传动示意图。

（3）画出轴系部件的装配草图。

（4）画出箱盖或箱座的装配草图。

六、思考题

（1）轴承座孔两端的凸台，为什么比箱盖与箱座的连接凸缘高？

（2）箱盖上的吊耳与箱座上的吊钩有何不同？

（3）箱体凸缘的螺栓连接处均做成凸台或沉孔平面，为什么？

（4）箱盖与箱体的连接凸缘宽度及底座凸缘宽度是根据什么确定的？

（5）你所拆卸的减速器中，轴承用何种方式润滑？如何防止箱体的润滑油混入轴承中？

第4章

机械工程材料实验

4.1 拉伸实验

一、实验目的

（1）了解电子万能试验机的工作原理，熟悉其操作规程和正确的使用方法。

（2）测定低碳钢的屈服强度 R_e、抗拉强度 R_m、断后伸长率 A、断面收缩率 Z 和铸铁的强度极限 R_m。

（3）观察低碳钢和铸铁在拉伸过程中的各种现象，绘制拉伸曲线（$e-R$ 曲线）。

（4）比较低碳钢和铸铁两种材料的拉伸性能和断口情况。

二、实验设备和工具

1. WDW3200 型微机控制电子万能试验机

WDW3200 型微机控制电子万能试验机由主机、交流伺服驱动器、全数字 EDC 测量控制系统、计算机系统及试验控制软件包、功能附件等组成，主要用于各种金属及非金属材料的拉伸、压缩、弯曲、剪切、剥离、撕裂等力学性能试验。配备相应的附件后，在高、低温或常温下还可进行松弛、蠕变、持久应力等材料性能试验。主机的基本构造如 4-1 图所示。

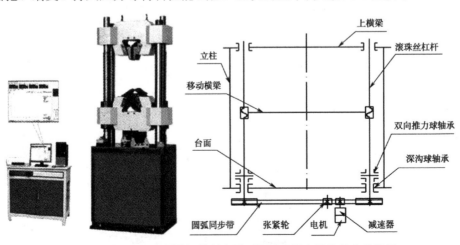

图 4-1 WDW3200 型微机控制电子万能试验机主机的基本结构图

主机主要由上横梁、移动横梁、台面及立柱组成，形成框架式结构。可选用双空间工作方式，如上空间做拉伸，下空间做压缩、弯曲试验，上、下空间试验无需装卸夹具。丝杠下端上装有圆弧同步带轮，经减速器、电机传动而带动移动横梁移动。主机左侧设有移动横梁保护机构，可防止移动横梁移动超过上下极限位置造成机械事故，也可以使移动横梁停止在预定位置。

2. 拉伸试样介绍

金属材料拉伸实验常用的试样形状如图 4-2 所示。图中工作段长度 L_0 称为标距，试样的拉伸变形量一般由这一段的变形来测定，两端较粗部分是为了便于装入试验机的夹头。

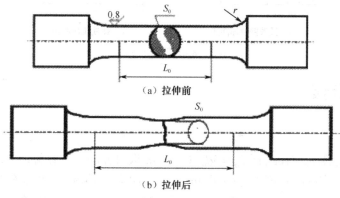

（a）拉伸前

（b）拉伸后

图 4-2 圆形截面拉伸试样

为了使实验测得的结果可以互相比较，试样必须按现行国家标准 GB/T 228.1—2010 做成标准试样，即 $L_0 = 5d_0$ 或 $L_0 = 10d_0$。

对于一般的板材料拉伸实验，也应按国家标准做成矩形截面试样，其截面面积和试样标距关系为 $L_0 = 11.3\sqrt{S_0}$ 或 $L_0 = 5.65\sqrt{S_0}$

式中　S_0——标距段内的截面积。

三、实验原理

材料力学性能 R_e、R_m、A、和 Z 可由拉伸破坏实验来测定。用电子万能试验机拉伸试样时，计算机可以自动绘出拉伸试样的拉伸曲线，如图 4-3 所示。

对于低碳钢试样来说，由图 4-3（a）中可以看出，当载荷增加到 A 点时，拉伸图上 OA 段是直线，表明此阶段内载荷与试样的变形成比例关系，即符合胡克定律的弹性变形范围。当载荷增加到 B' 点时，实验力值不变或突然下降到 B 点，然后在小的范围内摆动，这时变形增加很快，载荷增加很慢，说明材料产生了屈服（或称流动）。与点 B' 相应的应力叫上屈服极限 R_{eH}，与 B 点相应的应力叫下屈服极限 R_{eL}，因下屈服极限比较稳定，所以材料的屈服极限一般规定按下屈服极限取值。以 B 点相对应的载荷值 F_e 除以试样的原始截面积 S_0，即得到低碳钢的屈服极限 R_e（$R_e = F_e/S_0$）。屈服阶段后，试样要承受更大的外力才能继续发生变形，若要使塑性变形加大，必须增加载荷，如图 4-3（a）中 CD 段，这一段称为强化阶段。当载荷达到最大值 F_m（D 点）时，试样的塑性变形集中在某一截面处的小段内，此段发生截面收缩，即出现"颈缩"现象。此时记下最大载荷值 F_m，用 F_m 除以试样的原始截面积 S_0，就得到低碳钢的强度极限 R_m（$R_m = F_m/S_0$）。在试样发生颈缩后，由于截面积的减小，载荷迅速下降，到 E 点试样断裂。

对于铸铁试样，如图 4-3（b）所示，在变形极小时，就达到最大载荷而突然发生断裂，这时没有直线部分，也没有屈服和颈缩现象，只有强化阶段。因此，只要测出最大载荷 F_m 即可，可用公式 $R_m = F_m/S_0$ 计算铸铁的强度极限 R_m。

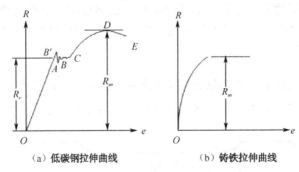

（a）低碳钢拉伸曲线　　　　　　　　（b）铸铁拉伸曲线

图 4-3　圆形截面拉伸试样

四、实验步骤

1．试样的准备

在试样中段取标距 $L_0 = 10d_0$ 或 $L_0 = 5d_0$（一般 d_0 取 10mm），在标距两端做好标记。对低碳钢试样，用刻线机在标距长度内每隔 10mm 画一圆周线，将标距 10 等分或 5 等分，为断口位置的补偿进行准备。用游标卡尺在标距线附近及中间各取一截面，每个截面沿互相垂直的两个方向各测一次直径取平均值，取这三处截面直径的最小值 d_0 作为计算试样横截面面积 S_0 的依据。

2．试验机的准备

首先了解电子万能试验机的基本构造原理，学习试验机的操作规程。

（1）旋开钥匙开关，启动试验机。

第一步：连接好试验机电源线及各通信线缆。

第二步：打开空气开关。

第三步：打开钥匙开关。

（2）连接试验机与计算机。

打开计算机显示器与主机，运行实验程序，进入实验主界面，单击主菜单上"联机"按钮，连接试验机与计算机。

3．安装试样

根据试样形状和尺寸选择合适的夹头，先将试样安装在下夹头上，移动横梁调整夹头间距，将试样另一端装入上夹头夹紧。

> **🔑特别提示**
>
> 　　将试样安装到上下夹头后，应缓慢加载，观察微机实验主界面上实验力的情况，以检查试样是否已夹牢，如有打滑则需重新安装。

4．清零及实验条件设定

（1）录入试样。单击主菜单上"试样"按钮，选择试验材料、试验方法、试样形状、输入试验编号、试样原始尺寸。

（2）实验参数设定。单击主菜单上"参数设置"按钮，设定初始试验力值、横梁移动速度（1～3mm/min）与移动方向（向下）、试验结束条件等参数。

（3）清零。分别单击主菜单上的"位移清零"按钮、"变形清零"按钮、"试验力清零"按钮，进行清零。

5. 进行实验

选定曲线显示类型为"负荷-位移曲线"（不接引伸计）或"负荷-变形曲线"（接引伸计），单击主菜单上的"试验开始"按钮，进行实验，实验过程中注意观察曲线的变化情况与试样的各种物理现象。

6. 实验结束

当试样被拉断或达到设定结束条件时，单击主菜单上的"试验结束"按钮，结束实验。

7. 填写自动计算项目计算所需数据

根据屏幕提示，进行必要的数据测量，填入相应表格。

8. 保存结果

单击主菜单上的"数据管理"按钮，进入下一级界面，单击"输出"按钮，得到 EXCEL 形式的数据文件，输入文件名，以"另存"方式建立拉伸曲线数据文件。

9. 实验完毕

实验完毕，取下试样，退出实验程序，仪器设备恢复原状，关闭电源，清理现场。检查实验记录是否齐全，并请指导教师签字。

 知识链接

低碳钢延伸率和截面收缩率的测定

试样拉断后，取下试样，观察断口。将断裂的试样紧对到一起，用游标卡尺测量出断裂后试样标距间的长度 L_u，按下式可计算出低碳钢的断后延伸率 A：

$$A = \frac{L_u - L_0}{L_0} \times 100\%$$

将断裂试样的断口紧对在一起，用游标卡尺量出断口（细颈）处的直径 d_u，计算出面积 S_u，按下式计算出低碳钢的断面收缩率 Z 为

$$Z = \frac{S_0 - S_u}{S_0} \times 100\%$$

从破坏后的低碳钢试样上可以看到，各处的残余伸长不是均匀分布的。离断口越近变形越大，离断口越远则变形越小，因此测得 L_u 的数值与断口的部位有关。为了统一 A 值的计算，规定以断口在标距长度中央的 1/3 区段内为准来测量 L_u 的值，若断口不在 1/3 区段内时，需要采用断口移中的方法进行换算，其方法介绍如下。

设两标点 c 到 c_1 之间共刻有 n 格，如图 4-4 所示，拉伸前各格之间距离相等，在断裂试样较长的右段上从邻近断口的一个刻线 d 起，向右取 $n/2$ 格，标记为 a，这就相当于把断口摆在标距中央，再看 a 点至 c_1 点有多少格，就由 a 点向左取相同的格数，标以记号 b，令 L' 表示 c

到 b 的长度，则 $L'+2L''$ 的长度中包含的格数等于标距长度内的格数 n，故 $L_u=L'+2L''$。

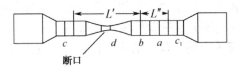

图 4-4 拉伸试样断口图

当断口非常接近试样两端，而与其头部之距离等于或小于直径的两倍时，一般认为实验结果无效，需要重新做实验。

对铸铁试样，在变形很小的情况下就会断裂，所以铸铁的延伸率和截面收缩率很小，很难测出。

注意事项：

（1）测量试样时，测定多点直径后，应取多点中的最小值，而不是求平均值。

（2）操作电子万能试验机上下移动时，要注意移动横梁速度不要太快，以免发生危险。

（3）实验开始前，一定要进行必要的设置和必要的操作，如设置衡量速度时，进行各项清零，以免数据结果不准确。

五、实验数据与处理

（1）实验数据见表 4-1。

表 4-1 实验数据记录表

实验前			实验后		
试样原始形状图			试样断后形状图		
尺寸	低碳钢	铸铁	尺寸	低碳钢	铸铁
平均直径 d_0/mm			最小直径 d_u/mm		—
横截面积 S_0/mm²			最小截面积 S_u/mm²		—
标距长度 L_0/mm			断后长度 L_u/mm		

（2）实验数据及计算结果见表 4-2。

表 4-2 实验数据及计算结果

试样	实验数据		计算结果			
	屈服载荷 F_e/kN	最大载荷 F_m/kN	屈服极限 R_e/MPa	强度极限 R_m/MPa	断后延伸率 A/%	截面收缩率 Z/%
低碳钢						
铸铁	—		—		—	—

附：实验数据计算公式

（1）根据测得的屈服载荷 F_e 和最大载荷 F_m，计算屈服极限 R_e 和强度极限 R_m。铸铁不存在屈服阶段只计算 R_m，即

$$R_e=\frac{F_e}{S_0} \tag{4-1}$$

$$R_m = \frac{F_m}{S_0} \qquad\qquad (4\text{-}2)$$

式中　S_0——试样的原始横截面面积。

（2）根据拉伸前后试样的标距长度和横截面面积，计算出低碳钢的断后延伸率 A 和断面收缩率 Z，即

$$A = \frac{L_u - L_0}{L_0} \times 100\% \qquad\qquad (4\text{-}3)$$

$$Z = \frac{S_0 - S_u}{S_0} \times 100\% \qquad\qquad (4\text{-}4)$$

式中　S_u——颈缩处的横截面面积。

六、思考题

（1）参考低碳钢拉伸图，分段回答力与变形的关系以及在实验中反映出的现象。

（2）由低碳钢、铸铁的拉伸图和试样断口形状及其测试结果，回答二者机械性能有什么不同。

（3）回忆本次实验过程，你从中学到了哪些知识？

4.2　冲击试验

一、实验目的

（1）测定低碳钢的冲击性能指标：冲击韧度 α_k。

（2）测定灰铸铁的冲击性能指标：冲击韧度 α_k。

（3）熟悉冲击实验机工作原理及操作过程。

二、实验量仪

（1）摆锤式冲击试验机，如图 4-5 所示。

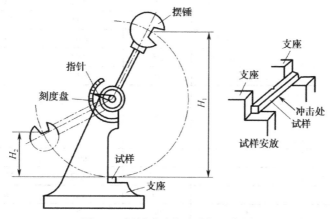

图 4-5　摆锤式冲击试验机示意图

（2）游标卡尺。

（3）实验试样：HT200、45 钢冲击试样。

按照国家标准 GB/T 229—2007，金属冲击试验所采用的标准冲击试样为 10mm×10mm× 55mm 方形截面，在试样长度中间有 V 形或 U 形缺口。V 形缺口有 45° 夹角，其深度为 2mm，底部曲率半径为 0.25mm，如图 4-6 所示；U 形缺口深度为 2mm 或 5mm，底部曲率半径为 1mm，如图 4-7 所示，图中符号和数字见表 4-3。

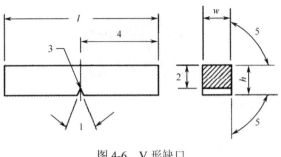

图 4-6　V 形缺口

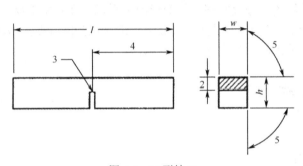

图 4-7　U 形缺口

表 4-3　试样的尺寸与偏差

名称	符号及序号		V 形缺口试样		U 形缺口试样	
			公称尺寸	机加工偏差	公称尺寸	机加工偏差
长度/mm	l		55	±0.60	55	±0.60
高度/mm	h		10	±0.075	10	±0.11
宽度/mm	w	标准试样	10	±0.11	10	±0.11
		小试样	7.5	±0.11	7.5	±0.11
		小试样	5	±0.06	5	±0.06
		小试样	2.5	±0.04	—	—
缺口角度/°	1		45	±2	—	—
缺口底部高度/mm	2		8	±0.075	8^b	±0.09
					5^b	±0.09
缺口根部半径/mm	3		0.25	±0.025	1	±0.07
缺口对称面-端部距离/mm	4		27.5	±0.42	27.5	±0.42
缺口对称面-试样纵轴角度/°			90	±2	90	±2
试样纵向面间夹角/°	5		90	±2	90	±2

注：除端部外，试样表面粗糙度应优于 Ra 5μm，如规定其他高度，应规定相应偏差，对自动定位试样的试验机，建议偏差用 ±0.165mm 代替±0.42mm。

三、实验原理

将规定的几何形状的缺口试样置于试验机两支座之间，缺口背向打击面放置，用摆锤一次打击试样，读取试样在被撞断过程中所吸收的能量 K。

由于大多数材料的冲击值随温度变化，因此试验应在规定温度下进行。当不在室温下试验时，试样必须在规定条件下加热或冷却，以保持规定的温度。

四、实验步骤

（1）了解冲击试验机的操作规程和注意事项。

（2）测量试样的尺寸、断面的高宽。

（3）将摆锤抬起，将试样安装好，注意缺口朝前，调整指针位置。

（4）按退销按钮退销，冲击。

（5）按照摆锤大小，选取量程，读数，记录数据。

（6）取出被冲断的试样，放摆。

五、实验数据与处理

实验数据与结果见表 4-4。

表 4-4　低碳钢和灰铸铁的冲击性能指标试验的数据记录与计算结果

材　料	45 钢		HT200	
断口长/mm	1 次	平均值	1 次	平均值
	2 次		2 次	
断口高/mm	1 次	平均值	1 次	平均值
	2 次		2 次	
断口面积/mm²				
冲击吸收功 K/J				
冲击韧度/J/cm²				

注：冲击韧度是材料抵抗冲击载荷的能力。一般用 α_k 表示，单位为 J/M。测定方法：冲击韧度一般是用一次摆锤冲击试验来测定，摆锤冲断试样所做的冲击吸收功 K 与试样横截面积 S 的比值，即材料的冲击韧度值。用公式表示为

$$\alpha_k = \frac{K}{S} \tag{4-5}$$

式中　S——试样在断口处的横截面面积。

六、思考题

（1）分析低碳钢和灰铸铁冲击韧度的差别，比较两种材料宏观断口形貌特征。

（2）冲击试样为什么要开 U 形或者 V 形口？同种材料两种冲击试样所得到的冲击韧度值有什么不同？

（3）为什么 α_k 值表现出很大的分散性？影响 α_k 值的因素有哪些？

（4）韧、脆性材料断口有何区别？韧、脆性材料哪个 α_k 值高？

（5）对冲击实验中的问题，其韧性断口与脆性断口的形貌有何区别？

4.3　金属材料的硬度测定

一、实验目的

（1）了解材料硬度测定原理及方法。
（2）了解布氏和洛氏硬度的测量范围及测量方法。
（3）加深对硬度概念的理解。

二、实验仪器设备说明

（1）硬度试验设备

HB3000 型布氏硬度计如图 4-8（a）所示，HRC150 型洛氏硬度计，如图 4-8（b）所示。

（a）布氏硬度计　　　　　（b）洛氏硬度计

图 4-8　布氏和洛氏硬度计的结构

（2）实验材料

20 钢、退火 45 钢、T8 钢、T12 钢等。

三、实验原理

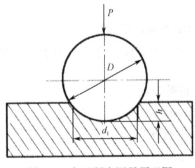

图 4-9　布氏硬度测量原理图

硬度计的原理是将一定直径球体压入试样表面，保持一定的时间后卸除试验力，测量试样表面的压痕直径，用试验力压出一压痕的表面面积计算布氏硬度。

（一）布氏硬度

（1）布氏硬度是用一定大小的载荷 P（kg），把直径为 D（mm）的淬火钢球或硬质合金球压入被测金属的表面，如图 4-9 所示，保持规定时间后卸除试验力，用读数显微镜测出压痕平均直径 d（mm），然后用载荷 P 除以压痕球形表面积即为布氏硬度值，记为 HBS（压头为钢球时）或者 HBW（压头为硬质合金球时）。

（2）适用范围：HBS 适用于测量退火、正火、铸铁、有色金属等硬度小于 450HBS 的较软金属。HBW 适用于测量硬度在 450HBW～650HBW 的淬火钢。布氏硬度值记为 HBS（当压头为钢球时），或者 HBW（当压头为硬质合金球时），两者计算公式相同。以下以压头为硬质合金球的硬度值为例，布氏硬度值计算公式为

$$HBW = 0.102 \times \frac{2F}{\pi D[D - (D^2 - d^2)]^{0.5}} \qquad (4\text{-}6)$$

式中　D——球压头直径（单位 mm）；

　　　F——试验力（单位 N）；

　　　d——压痕平均直径（单位 mm）。

1N=0.102kg，即 1 牛等于 0.102 千克力，HBW 的单位为 kgf/mm^2，

（3）布氏硬度值表示方法：根据 GB/T 231.1—2009，符号 HBW 前面的数值为硬度值，不同条件下的试验力见表 4-5，符号后面为试验条件，即球直径（mm）+试验力数字（kg）+试验力保持时间，采用规定的保持时间（10～15s），则不用标注。例如，600HBW1/30/20——表示用 1mm 硬质合金球，在 30kg=294.2N 试验力下，保持 20s，测得的布氏硬度值为 600。布氏硬度试验硬度范围上限为 650HBW。

表 4-5　布氏硬度试验条件

硬 度 符 号	硬质合金球直径 D/mm	试验力—球直径平方的比率 $0.102 \times F/D2$/N/mm^2	试验力的标称值 F/N
HBW10/3000	10	30	29420
HBW10/1500	10	15	14710
HBW10/1000	10	10	9807
HBW10/500	10	5	4903
HBW10/250	10	2.5	2452
HBW10/100	10	1	980.7
HBW5/750	5	30	7355
HBW5/250	5	10	2452
HBW5/125	5	5	1226
HBW5/62.5	5	2.5	612.9
HBW5/25	5	1	245.2
HBW2.5/187.5	2.5	30	1839
HBW2.5/62.5	2.5	10	612.9
HBW2.5/31.25	2.5	5	306.5
HBW2.5/15.625	2.5	2.5	153.2
HBW2.5/6.25	2.5	1	61.29
HBW1/30	1	30	294.2
HBW1/10	1	10	98.07
HBW1/5	1	5	49.03
HBW1/2.5	1	2.5	24.52
HBW1/1	1	1	9.807

（二）洛氏硬度

1. 洛氏硬度测量原理

如图 4-10 所示，在初载荷 F_0 的作用下，压头压入试样表面。将载荷 F_1 缓慢地加载到原先的载荷 F_0 上，压头又将压入了一个深度。保持一定时间后，卸除载荷 F_1，在保持 F_0 的条件下测量压痕残余深度，洛氏硬度值按下式计算：

$$HR = N - \frac{h}{S} \tag{4-7}$$

式中　N——常数，对于 A、C、D、N、T 标尺，N=100，其他标尺，N=130；

h——残余压痕深度（mm）；

S——常数，对于洛氏硬度，S=0.002mm；对于表面洛氏硬度，S=0.001mm。

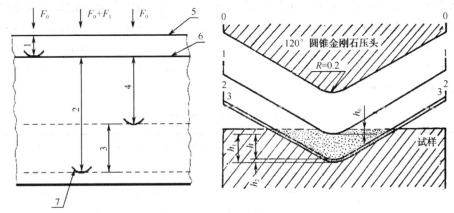

1—在初始试验力 F_0 下的压入深度；2—在总试验力 F_0+F_1 下的压入深度；3—去除主试验力 F_1 后的弹性回复深度；

4—残余压入深度 h；5—试样表面；6—测量基准面；7—压头位置

图 4-10　洛氏硬度测量原理图

2. 洛氏硬度的标尺选择问题

洛氏硬度试验按照试样的材质、硬度范围及尺寸来选择不同的压头和试验力，即标尺。洛氏硬度试验需要按照试样的材质、硬度范围及尺寸来选择不同的压头及试验力，使用不同的标尺表示。洛氏硬度计和表面洛氏硬度计的标尺通常按材料种类、材料厚度和硬度范围三个方面的因素来选择，具体选择方法叙述如下。

1）按材料种类选择

共 15 个标尺，后 6 个标尺为表面洛氏硬度。前 9 个标尺中，常用的标尺为 A、B、C 标尺，按材料选择并不是一种严格的做法。因为每一种材料随着其所采用的不同的热处理工艺，其最终硬度不可能相同，因此所适应的硬度标尺也不会相同。洛氏硬度标尺、压头、试验力及应用范围见表 4-6。

表 4-6　洛氏硬度标尺、压头、试验力及应用范围

标　尺	压　头	试　验　力	应　用
A	金刚石压头	588.4N/60kgf	表面淬火刚、硬质合金钢、薄钢板、铜
D	金刚石压头	980.7N/100kgf	

续表

标　尺	压　头	试　验　力	应　用
C	金刚石压头	1471N/150kgf	表面淬火刚、硬质合金钢、薄钢板、铜
F	硬质合金球头 1/16"	588.4N/60kgf	退火钢、轴承、冷拉铝合金、黄铜、铍青铜、磷青铜
B	硬质合金球头 1/16"	980.7N/100kgf	
G	硬质合金球头 1/16"	1471N/150kgf	
H	硬质合金球头 1/8"	588.4N/60kgf	轴承金属、研磨石料
E	硬质合金球头 1/8"	980.7N/100kgf	
K	硬质合金球头 1/8"	1471N/150kgf	
P	硬质合金球头 1/4"	588.4N/60kgf	超软金属（例如铝、锌、铅）
M	硬质合金球头 1/4"	980.7N/100kgf	
L	硬质合金球头 1/4"	1471N/150kgf	
R	硬质合金球头 1/2"	588.4N/60kgf	塑料、纸板
S	硬质合金球头 1/2"	980.7N/100kgf	
V	硬质合金球头 1/2"		

注：洛氏硬度计标尺很多，常用的为 A、B、C 三种标尺。

2）按样品的硬度范围选择

（1）样品硬度与材料成分及热处理工艺的关系。在相同的热处理工艺下，材料的含碳量越高，材料的硬度也越高。对应于相同的材料，由工艺引起的硬度高低是淬火、正火、退火。

（2）各种洛氏硬度标尺的适应范围。每种洛氏硬度标尺都有一个可用范围，这一点很容易从硬度计刻度盘上的分度来确定，不同洛氏硬度标尺的使用范围见表 4-7。

表 4-7　不同洛氏硬度标尺的使用范围

标　尺	使　用　范　围	硬度符号
A	20～88HRA	HRA
B	20～100HRB	HRB
C	20～70HRC	HRC
D	40～77HRD	HRD
E	70～100HRE	HRE
F	60～100HRF	HRF
G	30～94HRG	HRG
H	80～100HRH	HRH
K	40～100HRK	HRK

注意：当使用硬质压头时，硬度符号后需加"W"。

3）按材料厚度或硬化层深度选择

洛氏硬度试验对样品试样有要求，其厚度不能小于残余压痕深度的 10 倍，试样背面不能出现明显的变形痕迹。由此样品的厚度决定了载荷的选择，载荷必须保证其所引起的变形小于样品的最小厚度。对于每一种硬度试验，都存在最小可测量厚度。

（三）洛氏与布氏硬度之间的换算关系

洛氏硬度值与布氏硬度值之间都有一定的换算关系。对于钢铁材料，大致有下列关系式：

$$\begin{cases} HRC=2HRA-104 \\ HB=10HRC（HRC=40\sim60\ 范围） \\ HB=2HRB \end{cases}$$

四、实验步骤

1．测定 HRC 和 HB

（1）两块钢样品其中一块经淬火处理（测量 HRC），一块经退火处理（测量 HB）。

（2）测 HRC 所用压头为 120°金刚石圆锥，压力为 150kg（其中预加压力 $P_0=10kg$）。

（3）用淬火后的样品在洛氏硬度计测三个点的硬度数据，然后将三个数据求平均值，得出该材料淬火后的 HRC。

（4）测 HB 所用压头为 $D=2.5mm$ 淬火钢球，压力 $P=187.5kg$（其中预加压力 $P_0=10kg$）。

（5）用退火后的样品在布氏硬度计上测 2 个压痕，每个压痕在垂直的两个方向各测一个直径数值，求该数值的平均查表可得出 HB（用内插外推法查表），再将两个压痕的硬度数值求平均值得出该材料退火后的材料的 HB。（要求每组同学测 2 个压痕直径值）

五、实验数据与处理

根据选用的实验规范和记录数据填写表 4-8 和 4-9。

表 4-8　布氏硬度实验记录表

项目 材料及热处理状态	试验规范			实验结果					换算成洛氏硬度值	
	钢球直径 d/mm	载荷 F/N	F/D²	第一次		第二次		平均硬度值 HBS	HRC	HRB
				压痕直径 d/mm	硬度值 HBS	压痕直径 d/mm	硬度值 HBS			

表 4-9　洛氏硬度实验记录表

项目 材料及热处理状态	试验规范			测得硬度值				换算成布氏硬度 HBS
	压头	总载荷 F/N	硬度标尺	第一次	第二次	第三次	平均硬度值	

六、附表

黑色金属硬度强度换算表见表 4-10 和表 4-11。

表 4-10　黑色金属硬度强度换算表（一）

洛氏硬度		布氏硬度	维氏硬度	近似强度值
HRC	HRA	HB30D^2	HV	/N/mm^2
70	(86.6)		(1037)	
69	(86.1)		997	
68	(85.5)		959	
67	85.0		923	
66	84.4		889	
65	83.9		856	
64	83.3		825	
63	82.8		795	
62	82.2		766	
61	81.7		739	
60	81.2		713	2607
59	80.6		688	2496
58	80.1		664	2391
57	79.5		642	2293
56	79.0		620	2201
55	78.5		599	2115
54	77.9		579	2034
53	77.4		561	1957
52	76.9		543	1885
51	76.3	(501)	525	1817
50	75.8	(488)	509	1753
49	75.3	(474)	493	1692
48	74.7	(461)	478	1635
47	74.2	449	463	1581
46	73.7	436	449	1529
45	73.2	424	436	1480
44	72.6	413	423	1434
43	72.1	401	411	1389
42	71.6	391	399	1347
41	71.1	380	388	1307
40	70.5	370	377	1268
39	70.0	360	367	1232

洛氏硬度		布氏硬度	维氏硬度	近似强度值
HRC	HRA	$HB30D^2$	HV	$/N/mm^2$
38		350	357	1197
37		341	347	1163
36		332	338	1131
35		323	329	1100
34		314	320	1070
33		306	312	1042
32		298	304	1015
31		291	296	989
30		283	289	964
29		276	281	940
28		269	274	917
27		263	268	895
26		257	261	874
25		251	255	854
24		245	249	835
23		240	243	816
22		234	237	799
21		229	231	782
20		225	226	767
19		220	221	752
18		216	216	737
17		211	211	724

表 4-11　黑色金属硬度强度换算表（二）

洛氏硬度	布氏硬度	维氏硬度	近似强度值
HRB	$HB30D^2$	HV	$/N/mm^2$
100		233	803
99		227	783
98		222	763
97		216	744
96		211	726
95		206	708
94		201	691
93		196	675
92		191	659
91		187	644

续表

洛氏硬度 HRB	布氏硬度 HB30D^2	维氏硬度 HV	近似强度值 /N/mm^2
90		183	629
89		178	614
88		174	601
87		170	587
86		166	575
85		163	562
84		159	550
83		156	539
82	138	152	528
81	136	149	518
80	133	146	508
79	130	143	498
78	128	140	489
77	126	138	480
76	124	135	472
75	122	132	464
74	120	130	456
73	118	128	449
72	116	125	442
71	115	123	435
70	113	121	429
69	112	119	423
68	110	117	418
67	109	115	412
66	108	114	407
65	107	112	403
64	106	110	398
63	105	109	394
62	104	108	390
61	103	106	386
60	102	105	383

七、思考题

（1）测量硬度前为什么要进行打磨？

（2）HRC、HB 和 HV 的实验原理有何异同？

（3）HRC、HB 和 HV 各有什么优缺点？各自适用范围是什么？举例说明 HRC、HB 和 HV 适用于哪些材料及工艺？

（4）试分析硬度实验中产生误差的原因？

4.4　金相试样的制备与组织观察

一、实验目的

（1）了解金相显微镜的构造、原理及使用。

（2）掌握金相显微试样的制备方法。

二、实验设备及材料

1. 金相显微镜

显微镜的种类和形式很多，常见的有台式、立式和卧式金相显微镜三大类。金相显微镜的构造通常由照明系统、光学系统、机械调节系统等主要部分组成。XJB-1 型（教学用的）金相显微镜的外形结构如图 4-11 所示。

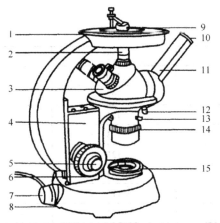

1—载物台；2—物镜；3—转换器；4—传动箱；5—微动调节手轮；6—粗动调节手轮；7—光源；8—偏心圈；9—试样；10—目镜；

11—目镜筒；12—固定螺钉；13—调节螺钉；14—视场光阑；15—孔径光阑

图 4-11　XJB-1 型金相显微镜外形结构图

1）显微调焦装置

在金相显微镜的两侧有粗动调节手轮 6 和微动调节手轮 5，两者在同一轴上，随着粗调手轮的转动，通过内部的齿轮传动，使支撑载物台 1 的架臂做上下运动。在粗调手轮的一侧有制动装置，用于固定调焦正确后固定载物台的位置。微调手轮是通过多级齿轮传动机构减速，能使载物台极缓慢地升降，以便获得清晰的图像。

2）载物台

用于放置金相试样，载物台的下面和托盘之间有导架，移动结构仍然采用黏性油膜连结，在手的推动下可引导载物台在水平面上做一定范围的定向移动，以改变试样的观察部位。

3）孔径光阑和视场光阑

通过这两个孔径可变的光阑的调节可以提高最后映像的质量。孔径光阑在照明后镜座上面，调整孔径光阑能够控制入射光线的粗细，以保证映像达到清晰的程度，视场光阑则设在物镜支架下面，其作用是控制视场范围，使目镜中所见到的视场被照亮而无阴影，在刻有直纹的套圈上还有两个螺钉用来调整光阑中心。

4）物镜转换器

物镜转换器 3 呈球面形，上面有三个螺孔，可安装不同放大倍数的物镜，旋动转换器，可使各物镜镜头进入光路，并与不同的目镜搭配使用，即获得各种放大倍数。

5）目镜筒

目镜筒 11 是以 45°倾斜式安装在附有棱镜的半球形座上，还可以将目镜转向 90°呈水平状态。

2．抛光机

抛光机实物如图 4-12 和图 4-13 所示。

图 4-12　抛光机（PG-1 型）　　　　图 4-13　抛光机（PG-2 型）

3．实验材料

低碳钢试样，工业纯铁、20 钢、T8 钢、亚共晶白口铸铁等显微组织样品，金相砂纸，抛光粉，硝酸酒精溶液（含 4%HNO$_3$），酒精，脱脂棉等。

三、实验方法及步骤

1．取样及镶嵌

取样部位及观察面的选择，必须根据被分析材料或零件的失效分析特点、加工工艺的性质，以及研究目的等因素来确定。

进行失效分析研究时，应在失效部位完整取样。

对于轧材，研究非金属夹杂物的分析和材料表面缺陷时，应垂直于轧制方向（即横向）

取样；研究夹杂物的类型、形状、材料变形度、带状组织等时，应平行于轧制方面上（即纵向）取样。

对热处理后的零件，因为组织较均匀可任意选择取样部位和方向，对于表面处理过的零件，在表面部位取样，要能较全面地观察到整个表面层的变化。

取样时要注意方法，要避免因取样导致观察面的组织变化。一般软材料可用锯、车等方法，硬材料可用水冷砂轮切片机切割或电火花线切割，硬而脆的材料则可用锤击，大件可用氧割，等等。

试样大小一般以手拿操作方便即可（如直径 10～15mm、高 10mm 的圆柱体）。若样品过小（如细丝、薄片）或形状不规则，以及有特殊要求（例如要求观察表面组织），则必须进行镶嵌。

镶嵌方法有低熔点合金的镶嵌、电木粉镶嵌、环氧树脂镶嵌等，此外还可用夹具来夹持试样。

2．磨制方法

砂纸平铺在玻璃板上，一只手按住砂纸，另一只手握住试样，使试样磨面朝下并与砂纸接触，在轻微压力作用下向前推行磨制，磨制以"单程单向"方式重复进行。

在调换下　号更细的砂纸时，应将试样上的磨屑和砂粒清除干净，并使试样的磨制方向调转 90°，如图 4-14 所示。

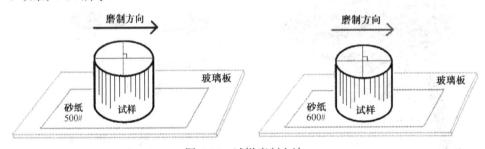

图 4-14　试样磨制方法

磨制后的试样要求在光线照射下，磨痕方向一致，如图 4-15 所示。

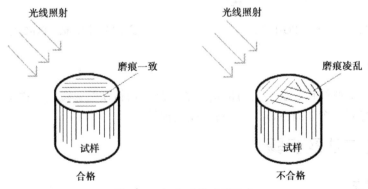

图 4-15　细磨后的试样要求

3．抛光

1）目的

抛光的目的是去除细磨时遗留下的细微磨痕，以获得光亮而无磨痕的镜面。为了使磨面成为镜面，细磨后的试样还需进行抛光。

2）抛光方法

抛光方法有机械抛光、电解抛光、化学抛光等方法，其中使用最广的是机械抛光。

机械抛光在专用抛光机上进行。抛光盘上装不同材料的抛光布（粗抛时常用帆布，精抛时沿抛光盘上不断滴注抛光液（水或 Al_2O_3、Cr_2O_3、MgO 的悬浮液）或在抛光盘上涂极细的金刚石研磨膏。试样磨面应均匀地、平整地压在旋转的抛光盘上。待试样表面磨痕全部消失且呈光亮的镜面时，抛光过程结束，如图 4-16 所示。

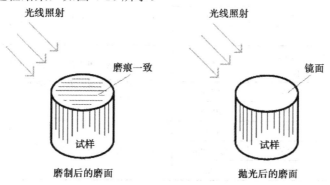

图 4-16　磨制与抛光试样磨面的要求

3）抛光操作注意事项

（1）将试样磨面均匀地、平整地压在旋转的抛光盘上，压力不宜过大，并沿盘的边缘到中心不断地做径向往复移动。

（2）抛光时间不宜过长，磨面上磨痕全部消除而呈光亮的镜面后，即可停止抛光。

（3）抛光后的试样用水冲洗干净，然后进行浸蚀。

4．浸蚀

1）目的

浸蚀的目的是使试样磨面的显微组织显露出来，便于观察分析。光滑镜面在显微镜下只能看到一片光亮，除某些非金属夹杂物、石墨、孔洞、裂纹外，无法辨别出各种组织的组成物及其形态特征。

2）方法

浸蚀方法使用化学浸蚀法。

3）操作

（1）将抛光好的试样磨面用化学浸蚀剂进行一定时间的浸蚀。

（2）浸蚀后用酒精清洗浸蚀面，再用吹风机吹干浸蚀面及试样整体，随后观察。表4-12为常用的金相试剂。

表4-12　常用的金相试剂

序号	试剂名称	成 分		适 用 范 围	注 意 事 项
1	硝酸、酒精溶液	硝酸 HNO_3	1～5ml	碳钢及低合金钢的组织显示	硝酸含量按材料选择，浸蚀数秒钟
		酒精	100ml		
2	苦味酸、酒精溶液	苦味酸	2～10g	对钢铁材料的细密组织显示较清晰	浸蚀时间为数秒钟至数分钟
		酒精	100ml		
3	苦味酸、盐酸、酒精溶液	苦味酸	1～5g	显示淬火及淬火回火后钢的晶粒和组织	浸蚀时间较上例约快数秒甚至1分钟
		盐酸（HCl）	5ml		
		酒精	100 ml		
4	苛性钠、苦味酸、水溶液	苛性钠	25g	钢中的渗碳体染成暗黑色	加热煮沸浸蚀5～30分钟
		苦味酸	2g		
		水（H_2O）	100ml		
5	氯化铁、盐酸、水溶液	氯化铁（$FeCl_3$）	5g	显示不锈钢、奥氏体高镍钢、铜及铜合金组织，显示奥氏体不锈钢的软化组织	浸蚀至显现组织
		盐酸	50ml		
		水	100ml		
6	王水、甘油溶液	硝酸	10ml	显示奥氏体镍铬合金等组织	先将盐酸与甘油充分混合，然后加入硝酸，试样浸蚀前先行预热
		盐酸	20～30ml		
		甘油	30ml		

5．观察

　　浸蚀后试样磨面就形成了凸凹不平的表面，在显微镜下通过光线在磨面上各处的反射情况不同，显现出各种不同的组织结构特征及形态，即能够观察到金属的显微组织。

　　抛光后的试样只有通过浸蚀后才使显微组织显现出来，如图4-17所示。金相显微镜光源的光线照到试样表面，由于有的组织或晶界易腐蚀而呈现凹凸不平，表面与入射光线垂直的组织将把光线大部分反射回去，在显微镜视场中呈白亮状，而有些组织由于表面不垂直于入射光线，而使许多光线散射掉，只有很少的光线反射回去，在显微镜视场中呈灰暗状。由此明暗不同产生衬度而形成图像。

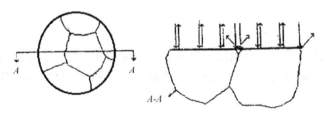

图4-17　显微组织成像原理图

6．金相显微镜的操作步骤

（1）按放大倍数选取合适的物镜和目镜，并分别装入物镜座和目镜筒内。

（2）将光源灯泡插头插入电源变压器低压插孔（5～8V）内，将试样置于载物台上，缓慢地转动粗动调节手轮使载物台缓慢地下降靠近物镜，然后眼睛贴近目镜向内观察，同时又缓慢地来回转动粗动调节手轮，当找到试样的金相组织映像后，再调微动调节手轮进行调节，直到映像最清晰为止。同时用铅笔描绘出观察到的金相试样的金相显微组织：退火状态的工业纯铁、亚共析钢（45 钢）、共析钢（T8 钢）和过共析钢（T10 钢），铸态的亚共晶白口铁、共晶白口铁、过共晶白口铁。

（3）操作注意事项。

① 操作时，切勿口对目镜讲话，以免镜头受潮而模糊不清。若镜头模糊不清，只能用质地柔软的镜头纸轻轻擦拭，严禁用手指、手帕、衣袖或其他纸张、杂布擦拭。

② 已经浸蚀好的试样观察面，切勿用手去擦拭或贴放在桌面上，以免损伤或污染而影响实验效果。

③ 实验完毕后，要关掉电源，将试样和镜头卸下分别放置于各自的干燥器内存放，然后用防尘罩把显微镜盖好。可将各物镜镜头置入光路，并与不同的目镜搭配使用，即获得各种放大倍数。

四、实验结果

画出观察到的显微组织并填写表 4-13 的内容。

表 4-13　实验记录表

序　号	材料名称	处理状态	放大倍数	浸蚀剂	金相组织
1					
2					
3					
4					
5					
6					

五、思考题

（1）试分析各金相试样组织的成分和特点。

（2）分析讨论金相试样的制备过程及其要点。

4.5　铁碳合金平衡组织观察

一、实验目的

（1）了解金相样品的制备及浸蚀过程。

（2）了解铁碳合金在平衡状态下高温到室温的组织转变过程。

（3）分析铁碳合金平衡状态室温下的组织形貌。

（4）加深对铁碳合金的成分、组织和性能之间关系的理解。

二、实验仪器与材料

1. 量仪

金相显微镜。

2. 材料

碳钢（亚共析钢、共析钢、过共析钢）、白口铸铁（亚共晶、共晶、过共晶白口铸铁）。

三、实验原理

铁碳合金是广泛使用的金属材料，铁碳相图是研究钢铁材料的组织、性能及其热加工和热处理工艺的重要工具，因此，认识和研究铁碳合金的平衡组织有十分重要的意义。

在固态铁碳合金中，铁和碳的相互作用有两种：一是碳原子溶解到铁的晶格中形成固溶体，如铁素体与奥氏体；二是铁和碳原子按一定的比例相互作用形成金属化合物，如渗碳体。铁素体、奥氏体、渗碳体均是铁碳合金的基本相。

1. 铁素体

碳溶于 α 铁中的间隙固溶体称为铁素体，用符号 F 或 α 表示。它仍保持 α 铁的体心立方晶格，由于体心立方晶格原子间的空隙很小，因而溶碳能力极差，在 727℃时的最大溶碳量为 $w(C)=0.0218\%$，在 600℃时溶碳量约为 $w(C)=0.0057\%$，室温下几乎为零，即 $w(C)=0.0008\%$。因此，其室温性能几乎和纯铁相同，铁素体的强度、硬度不高（$R_m=180\sim280MPa$，50～80HBS），但具有良好的塑性和韧性。所以以铁素体为基体的铁碳合金适于塑性成型加工。

2. 奥氏体

碳溶于 γ 铁中的间隙固溶体称为奥氏体，用符号 A 或 γ 表示。它仍保持 γ 铁的面心立方晶格。由于面心立方晶格原子间的空隙比体心立方晶格大，因此碳在 γ 铁中的溶碳能力比 α 铁中要大些。在 727℃时的溶碳量为 $w(C)=0.77\%$，随着温度的升高溶解度增加，1148℃时达到最大为 $w(C)=2.11\%$。奥氏体的力学性能与其溶碳量及晶粒大小有关，一般奥氏体的强度、硬度不高，但具有良好的塑性和韧性（$A=40\%\sim50\%$），无磁性。因为奥氏体的硬度较低而塑性较高，易于锻压成型。

3. 渗碳体

渗碳体具有复杂晶格的间隙化合物，分子式为 Fe_3C，其 $w(C)=6.69\%$，是钢和铸铁中常用的强化。熔点约为 1227℃，渗碳体硬度很高，而塑性与韧性几乎为零，脆性很大。渗碳体不能单独使用，在钢中总是和铁素体混在一起，是碳钢中主要强化相。渗碳体在钢和铸铁中存在形式有片状、球状、网状、板状，它的数量、形状、大小和分布状况对钢的性能影响很大。渗碳体是一种亚稳定相，在一定条件下会发生分解，形成石墨。

在铁碳合金中，除了以上的几种基本相之外，还有两种基本的组织，它们是珠光体和莱氏体。

4. 珠光体

珠光体是由铁素体和渗碳体组成的机械混合物，其符号用 P 表示。铁素体和渗碳体呈片层状分布，其机械性能介于铁素体和渗碳体之间。

5．莱氏体

莱氏体分为高温莱氏体和低温莱氏体，其符号分别用 L_e 和 L'_e 表示。高温莱氏体为奥氏体和渗碳体的机械混合物，高温莱氏体的存在温度区间为 $727 \sim 1148°C$。低温莱氏体是由珠光体和渗碳体组成的机械混合物。由于莱氏体中渗碳体的量偏多，而渗碳体的脆性大，因此莱氏体的性能表现为硬度较高，塑性低，脆性较大。

随着钢中碳含量的增加，钢的组织相应地发生转变。由亚共析钢向共析钢、过共析钢、亚共晶白口铸铁、共晶白口铸铁和过共晶白口铸铁等平衡组织依次转变。

四、实验方法及步骤

（1）准备实验设备：金相显微镜。
（2）领取实验材料：碳钢试样，白口铸铁试样。
（3）制备试样，观察各试样的组织特征。

五、实验结果

（1）用铅笔画表 4-14 中 7 个样品的显微组织，每一种样品都各画在一个 $\phi30mm$ 的圆内，并用箭头标出图中各相组织（用符号表示），在圆的下方标注材料名称、热处理状态、放大倍数和浸蚀剂等。

表 4-14　Fe-C 合金平衡组织观察样品状态

序号	材　料	热处理状态	放大倍数	浸　蚀　剂	组织及特征
1	20	退火	400×	4%硝酸酒精溶液	F（白色晶粒）+P（黑色晶粒）
2	45	退火	400×	同上	同上，但 P 量多
3	T8	退火	400×	同上	片状 P，无晶界显示
4	T12	退火	100×	同上	沿晶界白色网状 Fe_3C_{II}，晶内黑色 P（局部少量的片状 P）
5	亚共晶白口铸铁	退火	100×	同上	组织为（P+Fe_3C_{II}）+L'_e，黑色树枝状为 P，L'_e 是 Fe_3C（白色）和 P（均匀分布黑色小点或条状组织）
6	共晶白口铸铁	退火	100×	同上	组织为 L'_e，L'_e 是 Fe_3C（白色）和 P（均匀分布黑色小点或条状组织）
7	过共晶白口铸铁	退火	100×	同上	组织为 L'_e+Fe_3C，L'_e 是 Fe_3C（白色）和 P（均匀分布黑色小点或条状组织），白色长条状为 Fe_3C

（2）估计 20 钢、45 钢中 P 和 F 的相对量（即估计所观察视场中 P 和 F 各自所占的面积百分比），并应用 Fe-Fe_3C 相图从理论上计算这两种材料的 P 和 F 组织相对量，与实验估计值进行比较。

六、附图

几种典型铁碳合金的金相照片如图 4-18 所示。

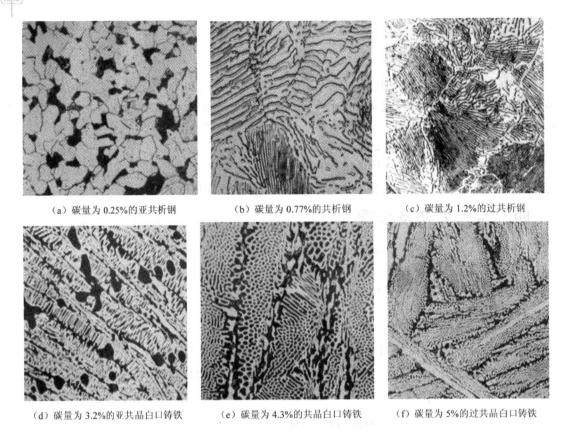

（a）碳量为 0.25% 的亚共析钢　　（b）碳量为 0.77% 的共析钢　　（c）碳量为 1.2% 的过共析钢

（d）碳量为 3.2% 的亚共晶白口铸铁　（e）碳量为 4.3% 的共晶白口铸铁　（f）碳量为 5% 的过共晶白口铸铁

图 4-18　几种典型铁碳合金的金相照片

七、思考题

（1）杠杆原理的理论和实验意义是什么？

（2）Fe-C 合金平衡组织中，渗碳体可能有几种存在方式和组织形态？试分析它对性能有什么影响？

（3）铁碳合金的 $C\%$ 与平衡组织中的 P 和 F 组织组成物的相对数量的关系是什么？

（4）珠光体 P 组织在低倍显微镜中观察和高倍显微镜中观察时有何不同？为什么？

4.6　铁碳合金非平衡显微组织观察

一、实验目的

（1）观察和研究碳钢经不同形式热处理后显微组织的特点。

（2）了解热处理工艺对钢组织和性能的影响。

二、实验量仪

（1）量仪：金相显微镜。

（2）材料：40、45、T8、T10、T12 钢。

三、实验原理

铁碳合金经缓冷后的显微组织基本上与铁碳相图所预料的各种平衡组织相符合，但碳钢在不平衡状态，即在快冷条件下的显镜组织就不能用铁碳合金相图来加以分析，而应由过冷奥氏体等温转变曲线图——C 曲线来确定。图 4-19 为共析碳钢的 C 曲线图。

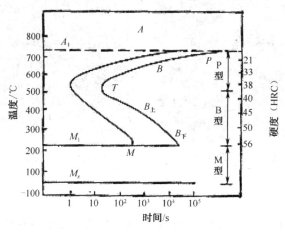

图 4-19　共析碳钢的 C 曲线

按照不同的冷却条件，过冷奥氏体将在不同的温度范围内发生不同类型的转变。通过金相显微镜观察，可以看出过冷奥氏体各种转变产物的组织形态各不相同。共析碳钢过冷奥氏体在不同温度转变的组织特征及性能见表 4-15。

表 4-15　共析碳钢（T8）过冷奥氏体在不同温度转变的组织及性能

转变类型	组织名称	形成温度范围/℃	金相显微组织特征	硬度（HRC）
珠光体型相变	珠光体（P）	<650	在 400～500 倍金相显微镜下可观察到铁素体和渗碳体的片层状组织	18～20
	索氏体（S）	600～650	在 800～1000 倍以上的显微镜下才能分清片层状特征，在低倍下片层模糊不清	25～35
	屈氏体（T）	550～600	用光学显微镜观察时呈黑色团状组织,只有在电子显微镜（5000～15000 倍）下才能看出片层组织	35～40
贝氏体型相变	上贝氏体（B上）	350～550	在金相显微镜下呈暗灰色的羽毛状特征	40～48
	下贝氏体（B下）	220～350	在金相显微镜下呈黑色针叶状特征	48～58
马氏体型相变	马氏体（M）	<230	在正常淬火温度下呈细针状马氏体（隐晶马氏体），过热淬火时则呈粗大片状马氏体	62～65

1．钢的退火的正火组织

亚共析成分的碳钢（如 45 钢等）一般采用完全退火，经退火后可得到接近于平衡状态的组织，其组织特征已在实验 4.5 中加以分析和观察。45 钢经正火后的组织通常要比退火的细，珠光体的相对含量也比退火组织中的多，如图 4-20 所示，原因在于正火的冷却速度稍大于退火的冷却速度。

过共析成分的碳素工具钢（如 T10、T12 钢等）一般采用球化退火，T12 钢经球化退火后组织中的二次渗碳体及珠光体中的渗碳体都将变成颗粒状，如图 4-21 所示。图中均匀而分散的细小粒状组织就是粒状渗碳体。

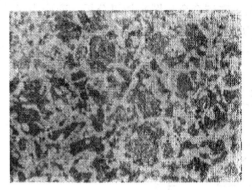 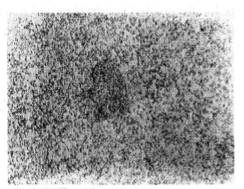

图 4-20　45 钢经正火后的组织　　　　图 4-21　T12 钢经球化退火后的组织

2. 钢的淬火组织

将 45 钢加热到 760℃（即 A_{c1} 以上，但低于 A_{c3}），然后在水中冷却，这种淬火称为不完全淬火。根据 Fe–Fe$_3$C 相图可知，在这个温度加热，部分铁素体尚未溶入奥氏体中，经淬火后将得到马氏体和铁素体组织。在金相显微镜中观察到的是呈暗色针状马氏体基底上分布有白色块状铁素体，如图 4-22 所示。

45 钢经正常淬火后将获得细针状马氏体，如图 4-23 所示。由于马氏体针非常细小，在显微镜中不易分清。若将淬火温度提高到 1000℃（过热淬火），由于奥氏体晶粒的粗化，经淬火后将得到粗大针状马氏体组织，如图 4-24 所示。若将 45 钢加热到正常淬火温度，然后在油中冷却，则由于冷却速度不足（$V<V_K$），得到的组织将是马氏体和部分屈氏体（或混有少量贝氏体）。如图 4-25 所示为 45 钢经加热到 800℃保温后油冷的显微组织，亮白色为马氏体，呈黑色块状分布于晶界处的为屈氏体。T12 钢在正常温度淬火后的显微组织如图 4-26 所示，除了细小的马氏体外尚有部分未溶入奥氏体中的渗碳体（呈亮白颗粒）。当 T12 钢在较高温度淬火时，显微组织出现粗大的马氏体，并且还有一定数量（15%～30%）的残余奥氏体（呈亮白色）存在于马氏体针之间，如图 4-27 所示。

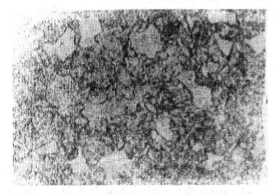 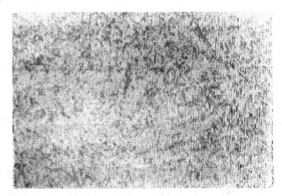

图 4-22　45 钢不完全淬火后的组织　　　　图 4-23　45 钢正常淬火后的组织

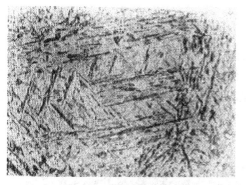

图 4-24　45 钢过热淬火后的组织

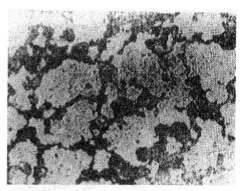

图 4-25　45 钢 800℃油冷的显微组织

图 4-26　T12 钢在正常温度淬火后的显微组织

图 4-27　T12 钢过热淬火后的组织

3. 淬火后的回火组织

钢经淬火后所得到的马氏体和残余奥氏体均为不稳定组织，它们具有向稳定的铁素体和渗碳体的两相混合物组织转变的倾向。通过回火将钢加热，提高原子活动能力，可促进这个转变过程的进行。

淬火钢经不同温度回火后所得到的组织不同，通常按组织特征分为以下 3 种。

1）回火马氏体

淬火钢经低温回火（150～250℃），马氏体内的过饱和碳原子脱溶沉淀，析出与母相保持着共格联系的 ε 碳化物，这种组织称为回火马氏体。回火马氏体仍保持针片状特征，但容易受浸蚀，故颜色要比淬火马氏体深些，是暗黑色的针状组织，如图 4-28 所示。

图 4-28　45 钢低温回火后的组织

2）回火屈氏体

淬火钢经中温回火（350～500℃）得到在铁素体基体中弥散分布着微小粒状渗碳体的组织，称为回火屈氏体。回火屈氏体中的铁素体仍然基本保持原来针状马氏体的形态，渗碳体则呈细小的颗粒状，在光学显微镜下不易分辨清楚，故呈暗黑色，如图 4-29（a）所示。用电子显微镜可以看到这些渗碳体质点，并可以看出回火屈氏体仍保持有针状马氏体的位向，如图 4-29（b）所示。

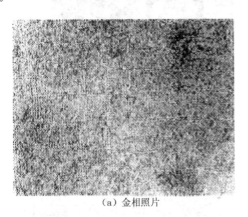 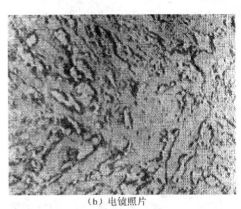

（a）金相照片　　　　　　　　　　　　　　（b）电镜照片

图 4-29　45 钢 400℃回火后的组织

3）回火索氏体

淬火钢高温回火（500～650℃）得到的组织称为回火索氏体，其特征是已经聚集长大了的渗碳体颗粒均匀分布在铁素体基体上，如图 4-30（a）所示。用电子显微镜可以看出回火索氏体中的铁素体已不呈针状形态而成等轴状，如图 4-30（b）所示。

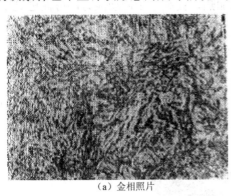 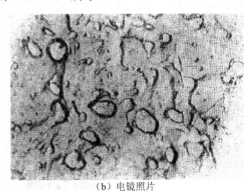

（a）金相照片　　　　　　　　　　　　　　（b）电镜照片

图 4-30　45 钢 600℃回火后的组织

四、实验内容

（1）每组领取一套样品，在指定的金相显微镜下进行观察。观察时根据 Fe-Fe$_3$C 相图和奥氏体等温转变图来分析确定各种组织的形成原因。

（2）画出几种典型的显微组织形态特征，并注明组织名称、热处理条件及放大倍数等。

（3）本实验所研究的 45 钢及 T8 钢的热处理工艺、显微组织及放大倍数列于表 4-16。

表 4-16　45 钢和 T8 钢经不同热处理后的显微组织

编号	材料	热处理工艺		显微组织特征	放大倍数
1		退火	860℃炉冷	珠光体+铁素体（呈亮白色块状）	400×
2		正火	860℃空冷	细珠光体+铁素体（块状）	500×
3		淬火	760℃水冷	针状马氏体+部分铁素体（白色块状）	500×
4			860℃水冷	细针马氏体+残余奥氏体（亮白色）	500×
5			860℃油冷	细针马氏体+屈氏体（暗黑色块状）	500×
6			1000℃水冷	粗针马氏体+残余奥氏体（亮白色）	500×
7	45 钢	860℃水淬和 200℃回火		细针状回火马氏体（针呈暗黑色）	500×
8		860℃水淬和 400℃回火		针状铁素体+不规则粒状渗碳体	500×
9		860℃水淬和 600℃回火		等轴状铁素体+粒状渗碳体	500×
10		退火	760℃球化	铁素体+球状渗碳体（细粒状）	400×
11	T8 钢	淬火	780℃水冷	细针马氏体+粒状渗碳体（亮白色）	500×
12			1000℃水冷	粗片马氏体+残余奥氏体（亮白色）	500×

五、思考题

（1）画出几种典型的显微组织图。

（2）分析表 4-16 中样品 3 与 4、3 与 5、4 与 5、4 与 7 的异同处，并说明原因。

4.7　碳钢的热处理

一、实验目的

（1）掌握碳钢的基本热处理（退火、正火、淬火及回火）的工艺及热处理后的组织与性能。

（2）加深认识热处理工艺对钢组织与性能的影响。

（3）分析冷却条件对钢性能的影响。

二、实验设备及材料

（1）设备：箱式电阻炉若干台。

（2）材料：试样若干。

（3）其他：热处理操作手套、钳子等。

三、实验原理

钢的热处理是指将钢在固态下施以不同的加热、保温和冷却的操作方法，来改变其内部组织结构，以获得所需性能的一种加工工艺。热处理是一种很重要的热加工工艺方法，也是充分发挥金属材料性能潜力的重要手段。热处理的主要目的是改变钢的性能，其中包括使用性能及工艺性能。

热处理之所以能使钢的性能发生显著变化，主要是由于钢的内部组织结构可以发生一系列变化。采用不同的热处理工艺过程，将会使钢得到不同的组织结构，从而获得所需要的性能。

根据加热和冷却方式不同，钢的热处理大致分类如下：退火、正火、淬火、回火。

1．退火

钢的退火通常是把钢加热到临界温度 A_{c1} 或 A_{c3} 以上，保温一段时间，然后缓缓地随炉冷却。此时，奥氏体在高温区发生分解而得到比较接近平衡状态的组织。

退火的主要目的：

（1）改善钢件硬度，有利于切削加工（160～230HB 是最适于切削加工的硬度）。

（2）消除残余应力，稳定尺寸，防变形、开裂。

（3）均匀化学成分（枝晶偏析），细化晶粒，改善组织和性能。

（4）为最终热处理（淬、回火）做好组织上的准备。

（5）对性能要求不高的机械零件或工程构件，退火和正火也可以作为最终的热处理。

根据钢的成分与热处理目的的不同，退火分为完全退火、等温退火、球化退火、均匀化退火、去应力退火、再结晶退火等几种。

2．正火

正火是将钢加热到 A_{c3} 或 A_{cm} 以上 30～50℃，保温后进行空冷。由于冷却速度稍快，与退火组织相比，组织中的珠光体相对量较多，且片层较细密，所以性能有所改善。对低碳钢来说，正火后提高硬度可改善切削加工性，提高零件表面光洁度；对高碳钢来说，正火可消除网状渗碳体，为下一步球化退火及淬火做组织上的准备。不同含碳量的碳钢在退火及正火状态下的强度和硬度值见表 4-17。

表 4-17　碳钢在退火及正火状态下的机械性能

性　　能	热处理状态	含碳量（%）		
		≤0.1	0.2～0.3	0.4～0.6
硬度	退火	～120	150～160	180～200
（HB）	正火	130～140	160～180	220～250
强度 σ_b	退火	200～330	420～500	360～670
/MN/m²	正火	340～360	480～550	660～760

3．淬火

淬火就是将钢加热到 A_{c3}（亚共析钢）或 A_{c1}（过共析钢）以上 30～50℃，保温后放入各种不同的冷却介质中快速冷却（V 应大于 V_K），以获得马氏体组织。碳钢经淬火后的组织由马氏体及一定数量的残余奥氏体所组成。

为了正确地进行钢的淬火，必须考虑下列三个重要因素：淬火温度、保温时间和冷却速度。

1）淬火温度的选择

正确选择加热温度是保证淬火质量的重要一环。淬火时的具体加热温度主要取决于钢的含碳量，可根据 Fe-Fe₃C 相图确定，如图 4-31 所示。对亚共析钢，其加热温度为 $A_{c3}+(30～50)$℃，若加热温度不足（低于 A_{c3}），则淬火组织中将出现铁素体，造成强度及硬度的降低。对过共析钢，加热温度为 $A_{c1}+(30～50)$℃，淬火后可得到细小的马氏体与粒状渗碳体，后者的存在可提高钢的硬度和耐磨性。过高的加热温度（如超过 A_{cm}）不仅无助于强度、硬度的增加，反而会由于产生过多的残余奥氏体而导致硬度和耐磨性的下降。

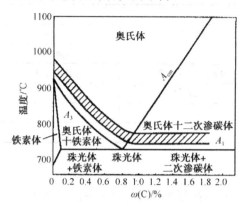

图 4-31　正常淬火温度范围

需要指出的是，无论在退火、正火及淬火时，均不能任意提高加热温度。温度过高晶粒容易长大，而且增加氧化脱碳和变形的倾向。各种不同成分碳钢的临界温度列于表 4-18 中。

表 4-18　各种碳钢的临界温度（近似值）

类别	钢号	临界温度（℃）			
		A_{c1}	A_{c3} 或 A_{cm}	A_{r1}	A_{r3}
碳素结构钢	20	735	855	680	835
	30	732	813	677	835
	40	724	790	680	796
	45	724	780	682	760
	50	725	760	690	750
	60	727	766	695	721
碳素工具钢	T7	730	770	700	743
	T8	730	--	700	—
	T10	730	800	700	—
	T12	730	820	700	—
	T13	730	830	700	—

2）保温时间的确定

淬火加热时间实际上是将试样加热到淬火所需的时间及淬火温度停留所需时间的总和。加热时间与钢的成分、工件的形状尺寸、所用的加热介质、加热方法等因素有关，一般按照经验公式加以估算，碳钢在电炉中加热时间列于表 4-19。

表 4-19　碳钢在箱式电炉中加热时间的确定

加热温度/℃	工件形状		
	圆柱形	方形	板形
	保温时间		
	分钟/每毫米直径	分钟/每毫米厚度	分钟/每毫米厚度
700	1.5	2.2	3

续表

加热温度/℃	工件形状		
	圆柱形	方形	板形
	保温时间		
	分钟/每毫米直径	分钟/每毫米厚度	分钟/每毫米厚度
800	1.0	1.5	2
900	0.8	1.2	1.6
1000	0.4	0.6	0.8

3）冷却速度的影响

冷却是淬火的关键工序，它直接影响到钢淬火后的组织和性能。冷却时应使冷却速度大于临界冷却速度，以保证获得马氏体组织。在这个前提下又应尽量缓慢冷却，以减小内应力，防止变形和开裂。为此，可根据 C 曲线（如图 4-32 所示）使淬火工件在过冷奥氏体最不稳定的温度范围（550～650℃）进行快冷（即与 C 曲线的"鼻尖"相切），而在较低温度（100～300℃）时的冷却速度则尽可能小些。

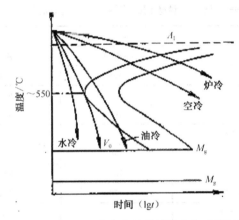

图 4-32　共析钢 C 曲线估计的连续冷却速度的影响

为了保证淬火效果，应选用适当的冷却介质（如水、油等）和冷却方法（如双液淬火、分级淬火等）。不同的冷却介质在不同的温度范围内的冷却能力有所差别。各种冷却介质的特性见表 4-20。

表 4-20　几种常用淬火介质的冷却能力

冷却介质	在下列温度范围内的冷却速度/℃/s	
	650～550	300～200
18℃的水	600	270
26℃的水	500	270
50℃的水	100	270
74℃的水	30	200
10%NaCl 水溶液（18℃）	1100	300
10%NaOH 水溶液（18℃）	1200	300
10%Na$_2$CO$_3$ 水溶液（18℃）	800	270

续表

冷 却 介 质	在下列温度范围内的冷却速度/℃/s	
	650～550	300～200
蒸馏水	250	200
蒸馏水	30	200
菜籽油（50℃）	200	35
矿物机器油（50℃）	150	30
变压器油（50℃）	120	25

4．回火

钢经淬火后得到的马氏体组织质硬而脆，并且工件内部存在很大的内应力，如果直接进行磨削加工往往会出现龟裂。一些精密的零件在使用过程中将会引起尺寸变化而失去精度，甚至开裂。因此淬火钢必须进行回火处理。不同的回火工艺可以使钢获得所需的各种不同性能。表 4-21 为 45 钢淬火后经不同温度回火后的组织及性能。对碳钢来说，回火工艺的选择主要是考虑回火温度和保温时间这两种因素。

表 4-21　45 钢经淬火及不同温度回火后的组织和性能

类　　型	回火温度/℃	回火后的组织	回火后硬度（BHC）	性 能 特 点
低温回火	150～250	回火马氏体+残余奥氏体+碳化物	60～57	高硬度，内应力减小
中温回火	350～500	回火屈氏体	35～45	硬度适中，有高的弹性
高温回火	500～650	回火索氏体	20～33	具有良好塑性、韧性和一定强度

回火温度：在实际生产中通常以图纸上所要求的硬度要求作为选择回火温度的依据。各种钢材的回火温度与硬度之间的关系曲线可从有关手册中查阅。现将几种常用的碳钢（45、T8、T10 和 T12 钢）回火温度与硬度的关系列于表 4-22。

表 4-22　各种不同温度回火后的硬度值（HBC）

回火温度/℃	回火硬度（HBC）			
	45 钢	T8 钢	T10 钢	T12 钢
150～200	60～54	64～60	64～62	65～62
200～300	54～50	60～55	62～56	62～57
300～400	50～40	55～45	56～47	57～49
400～500	40～33	45～35	47～38	49～38
500～600	33～24	35～27	38～27	38～28

注：由于具体处理条件不同，上述数据仅供参考。

也可以采用经验公式近似地估算回火温度。例如，45 钢的回火温度经验公式为

$$T \approx 200 + K(60-x) \tag{4-8}$$

式中　K——系数，当回火后要求的硬度值>HRC30 时，K=11，当回火后要求的硬度值<HRC30
时，K=12；

x——所要求的硬度值（HRC）。

保温时间：回火保温时间与工件材料及尺寸、工艺条件等因素有关，通常采用 1～3h。由于实验所用试样较小，故回火保温时间可为 30min，回火后在空气中冷却。

四、实验步骤

（1）将炉温升高至 860℃，每组各放入 45 钢试样 6 块，保温后，其中 1 块空冷、1 块油冷、4 块水冷；将另一炉子温度升高至 780℃，每组放入 T12 钢试样 6 块，保温后，其中 1 块空冷、1 块油冷、4 块水冷；再将此炉子温度降至 750℃，每组各放入 1 块 45 钢试样，保温 0.5h 后，空冷。

（2）每组各取出 3 块 45 钢和 T12 钢水淬后的试样，分别放入 200℃、400℃、600℃的炉中进行回火，保温 0.5h 后空冷。

（3）将上述热处理后的试样用砂纸磨去氧化皮后测量其硬度。

（4）淬火、正火保温时间为 15～20min，回火保温时间为 30min，并不断在淬火冷却液中搅动，否则可能因冷却不均匀而出现软点。

（5）按表 4-21 中的热处理操作，并测定经过热处理后各试样的硬度值。

五、实验数据处理

记录实验数据，分别填入表 4-23 至表 4-25 中。

表 4-23　钢加热奥氏体化后的冷却速度对其组织与性能的影响

试样材料		热处理工艺参数			硬度值 HRC				显微组织
钢号	尺寸/mm	加热温度/℃	保温时间/min	冷却方法	第 1 次	第 2 次	第 3 次	平均值	
				空冷					
				油冷					
				水冷					

表 4-24　回火温度对淬火钢组织、性能的影响

试样材料		回火工艺参数			硬度值 HRC				显微组织
钢号	回火前硬度 HRC	加热温度 /℃	保温时间/min	冷却介质	第 1 次	第 2 次	第 3 次	平均值	
		200							
		400							
		600							

表 4-25　碳钢的碳的质量分数对淬火后硬度的影响

试样材料		碳的质量分数	热处理工艺参数			硬度值 HRC			
钢号	尺寸/mm	C%	加热温度 /℃	保温时间 /min	冷却介质	第 1 次	第 2 次	第 3 次	平均值
20									
45					盐水				
T8									

六、思考题

（1）分析冷却速度、回火温度和含碳量度对碳钢性能的影响。

（2）比较各热处理（退火、正火、淬火、回火）工艺的定义、目的、组织转变过程、性能

变化、用途和适用的钢种、零件的范围。

（3）绘出回火温度和硬度的关系曲线图并联系组织成分，分析其性能变化的原因。

（4）若本实验数据与一般资料上的数据差别较大时，试分析出现误差的原因。

4.8　铸铁金相组织观察

一、实验目的

（1）从组成物和形态上区别白口铸铁与灰口铸铁。

（2）掌握灰口铸铁、可锻铸铁及球墨铸铁中石墨形态的特征。

（3）掌握铸铁的三种不同基体。

二、实验原理

灰铸铁一般指含碳量 2.7%～4.0%、含硅量 0.5%～3%和锰、磷、硫总量不超过 2%的铁、碳、硅合金。碳量的 75%～90%为片状石墨，断口呈暗灰色，因而得名。由于石墨的强度很低，且呈片状分布于基体中，所以石墨在灰口铸铁中起着割裂基体、恶化机械性能的作用，但石墨在铸铁中可起吸振和自润滑作用，所以广泛用灰口铸铁制作机器的机座。由于石墨形态的不同，灰铸铁又可以分为灰口铸铁、球磨铸铁、可锻铸铁等几种类型。

三、实验设备及材料

（1）灰口铸铁试样、球磨铸铁试样、可锻铸铁试样若干。

（2）金相显微镜。

四、实验方法及步骤

（1）准备实验设备：金相显微镜。

（2）领取实验材料：灰口铸铁、球磨铸铁试样、可锻铸铁试样。

（3）制备试样，观察各试样的组织特征。

五、实验内容

（1）观察表 4-26 中所列金相样品的显微组织。

表 4-26　铸铁显微组织观察样品状态

序　号	材　料	处理工艺	浸蚀剂	放大倍数	组织特征
1	灰口铸铁	铸态	3%HNO$_3$酒精	100×	F+G$_片$
2	同上	同上	同上	同上	F+P+G$_片$
3	同上	同上	同上	同上	P+G$_片$
4	球墨铸铁	同上	不浸蚀	同上	钢基体+G$_球$
5	可锻铸铁	同上	同上	同上	钢基体+G$_团$

（2）用铅笔画出表 4-26 中的 1、4、5 种显微组织，每一样品都各画在一个 ϕ30mm 的圆内，并用箭头标出图中各显微组织，在圆下方标注材料名称、工艺状态、放大倍数和浸蚀剂等。

六、附图

如图 4-33 所示为三种典型铸铁金相组织图片。

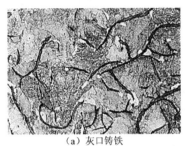 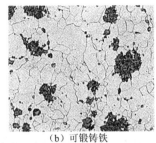 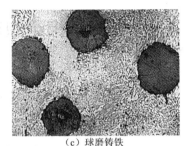

（a）灰口铸铁　　　　　　　（b）可锻铸铁　　　　　　　（c）球磨铸铁

图 4-33　三种典型铸铁金相组织图片

七、思考题

（1）从化学成分、组织、性能说明铸铁与钢的区别。

（2）不同基体的灰口铸铁性能有哪些差别？

（3）三种铸铁的使用范围是什么？

4.9　钢的成分测定

一、实验目的

（1）了解化学法测定钢的化学成分的一般原理及步骤。

（2）掌握材料化学成分检测的方法。

二、实验仪器设备说明

NJQ-8 型电脑多元素联测分析仪是国内较先进的一种综合材料分析仪，如图 4-34 所示，是采用计算机技术、传感技术、根据国家标准分析方法，研制成功的新一代钢铁分析仪器，可检测黑色金属中各种元素的含量，如普碳钢、低合金钢、中合金钢、高合金钢、生铸铁、球铁、合金铸铁、耐磨铸铁等多种材料中的 C、S、Mn、P、Si、Cr、Ni、Mo、Cμ、Ti、W、V、Nb、Co、∑Re、Mg、Al 等多种元素。本仪器由电弧燃烧炉（如图 4-35 所示）、碳硫仪分析箱、控制箱、计算机、打印机、电子天平、比色箱七部分组成。

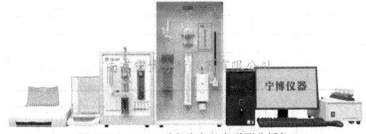

图 4-34　NJQ-8 型电脑多元素联测分析仪

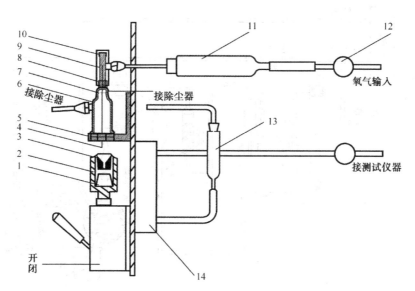

1—磁铁；2—坩埚座；3—铜坩埚；4—电极；5—密封圈；6—炉体；7—过滤网；8—炉体接头；9—三通；10—安全罩；

11—干燥管；12—电磁阀

图 4-35　电弧燃烧炉结构示意图

三、实验原理

碳硫元素的分析是根据国家标准气体容量法和碘量法而研制的，仪器采用智能控制、精密数据采集、计算机菜单命令操作，可同时保存 8 条标样曲线，测试数据可长时间保存，数据保存量大，可随时打印结果，与电子天平联机，实现了不定量称样，大大提高了测试结果的准确性、快捷性。

其他多种元素的分析是根据朗伯-比耳原理，采用计算机菜单命令操作，理论上可以累加测定 150 种元素成分，标配为一个比色箱（具备连接两个比色箱的操作界面），每个比色箱有 5 个大通道，每个通道可存 30 条曲线，共可存储 150 条曲线（即 150 个通道），测试数据可以长时间保存，数据保存量大，可随时查询历史数据，完全满足日常检测需求。

（一）碳硫分析

1．基本介绍

试样在基本处于室温的富氧条件下，加入少量助溶剂，由电极产生电弧点火，极短时间内产生高温，待样品燃烧，将试样中的碳和硫转化成二氧化碳和二氧化硫逸出，由计算机控制对其进行含量的分析测量。测碳采用气体容量法，测硫用碘量法。

2．气路、液路系统

NJQ-8 型碳硫分析仪部分气路、液路系统如图 4-36 所示。

DF 表示电磁阀，用于控制气路，平时不通电，衔铁堵住接管嘴 2、3（图 4-36 中 DJ2 和 DJ3 对应的位置），通电时，衔铁上移，堵住接管嘴 3，接管嘴 1、2 通（图 4-36 中 DJ1 和 DJ2 对应的位置）。

NJQ-8 型碳硫分析部分正面装配图如图 4-37 所示。BF 表示玻璃电磁阀，用于控制液路。平时不通电，堵住液路，通电时沟通液路。

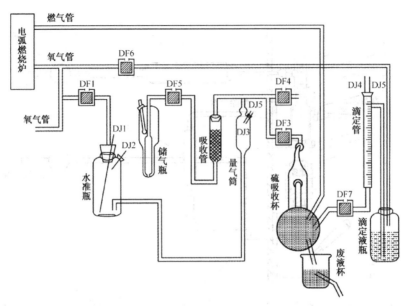

图 4-36　NJQ-8 型碳硫分析仪部分气路、液路示意图

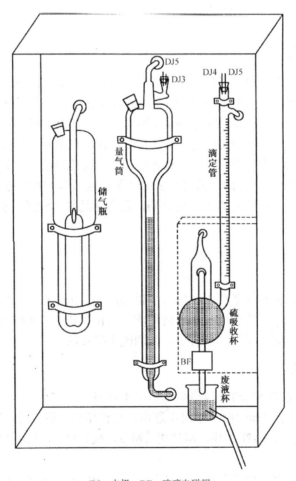

DJ—电极；BF—玻璃电磁阀

图 4-37　NJQ-8 型碳硫分析部分正面装配图

下面对照图 4-36 和图 3-37，说明基本工作过程。

初始状态，低压氧气被 DF1、DF6 堵死，不消耗氧气，事先水准瓶、储气瓶和滴定液瓶中都存放有一定的液体。

（1）按一下"对零"按钮时，DF4 通电，量气筒通大气，水准瓶与量气筒成连通管，最后两边液面相平，可用增减水准瓶内液体或调整碳的直读标尺的方法，使量气筒内的最低水平面与直读标尺的零刻度线相平。再按一下"对零"按钮，DF4 断电，量气筒与大气隔断。"对零"工作调试结束。

（2）按一下"准备"按钮，DF1、DF4 通电，低压氧气将液体从水准瓶压入量气筒，直到液体注满量气筒碰到 DJ3、DJ5 时，自动使 DF1、DF4 断电，液体充满量气筒。同时 DF6、BF 也通电。BF 通电沟通液路，放去硫吸收杯中的多余液体，DF6 通电，低压氧气进入滴定液瓶，将滴定液压入滴定管，直到 DJ4、DJ5 都接到滴定液时，使 DF6 自动断电，多余的滴定液因虹吸作用自动返回滴定液瓶，保持滴定管内溶液准确对零。在 DF6 断电时，BF 也断电。

（3）按一下"分析"按钮，仪器自动进行空白调整，并自动加满溶液。电弧燃烧炉自动引弧，燃气进入硫吸收杯，这时约 6s。DF3 通电，燃气进入量气筒（即开始取样），量气筒液面开始下降，吸取到一定的燃气后 DF3 断电（调节水准瓶上 DJ2 可实现），同时 DF4 通电，量气筒通大气，使量气筒内的气体恢复到一定的温度、压力和体积的状态。延时约 10s，DF4 断电，DF5、DF1 通电。吸收灯亮，量气筒内的气体被压入储气瓶，在这个过程中气体通过吸收管，二氧化碳吸收。气体全压出量气筒，即量气筒内的液体接触到 DJ3、DJ5 时，DF1 断电。因液面压力差，储气瓶体重新被压回量气筒，待气压达到平衡，DF5 断电，由于二氧化碳被吸收，气体体积减少，吸收前后的体积差在本仪器上形成一个高度差，根据减少的体积也就得到碳的含量。硫的测定是仪器根据确定的终点色由 DF7 控制自动滴定，在分析结束后，即可读数并可打印结果。

（二）比色分析

采用比色原理，计算机采样运算，如图 4-38 所示。

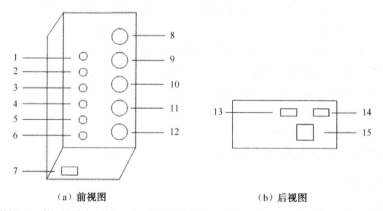

（a）前视图　　　　　　　　　　　（b）后视图

1—电源零点按钮；2—第一通道放液按钮；3—第二通道放液按钮；4—第三通道放液按钮；5—第四通道放液按钮；

6—第五通道放液按钮；7—电源开关；8—第一通道放液比色杯；9—第二通道放液比色杯；10—第三通道放液比色杯；

11—第四通道放液比色杯；12—第五通道放液比色杯；13—比色箱扩展备用插座；14—至计算机主机数据线插座；15—电源插座

图 4-38　比色箱

四、实验步骤

（一）碳硫分析

1. 碳硫分析界面菜单功能

打开计算机进入 Windows 系统，进入分析操作程序就进入碳硫分析界面，菜单各功能介绍如下。

（1）设置串口：系统默认为串口1，可设置为串口2、3或4。

（2）设置时间：可调整取样和稳定时间。

（3）定量：称样 1g 时，单击"确认"按钮。

（4）不定量：不定量称量单击"确认"按钮或手工输入称量值，硫滴定液终点色数字（0～9）越大代表硫杯中颜色越白，可更改调整。

（5）打印：系统默认为"手工打印"，需在分析结束后单击"打印"按钮，如需在分析结束后自动打印则单击"自动打印"按钮。

（6）标样值输入介绍。

① 建立曲线：建立曲线时输入标样的百分含量值，再单击"建立曲线"按钮，按钮显示为"保存曲线"，分析结束后单击"保存曲线"按钮，曲线保存，按钮显示为"建立曲线"。

② 显示曲线：单击"显示曲线"按钮后显示储存的曲线，并可随意选用和删除曲线，同时按钮显示为"关闭曲线"，再单击"关闭曲线"按钮，同时按钮显示"显示曲线"。

（7）试样值：分析结束后，显示的是当前所做样品的百分含量，其余时间显示的是采样值。

（8）分析：在输入了质量后，按下按钮程序自动分析。

（9）准备：单击"准备"按钮使量气筒、滴定管加满溶液，为分析做好准备。

（10）对零：单击"对零"按钮打开电磁阀，量气筒水溶液降至零位，再关闭电磁阀。

（11）打印：单击"打印"按钮将当前的试样值打印出来。

（12）复位：单击"复位"按钮后关闭所有正在运行的程序。

（13）数据框：分析程序结束后，分析结果自动出现在数据框中。

保存：输入分析员、炉号等条件将分析结果保存起来。

查询：根据查询条件将保存的数据查询显示出来。

清屏：将数据框显示的数据清除但不删除。

删行：将选定的数据删除。

打印：将选定的数据打印出来。

（14）操作说明：显示各部件的使用方法。

2. 建立标样曲线

（1）称样。

（2）输入浓度值：在"标样值输入"框中输入标准样品中碳、硫的百分含量，单击"建立曲线"按钮。

（3）打开氧气减压器阀，调节氧气出气量为 0.02～0.04MPa。

（4）依次向坩埚中加入硅钼粉、锡粒及称好的样品，如生铁，还需加入纯铁作为助燃剂。

（5）打开电弧炉或控制箱的"前氧"、"后控"开关，并调节流量计流量为 80～100L/h。

（6）单击"对零"按钮使量气筒中水位降至最低，并且稳定下来。再单击"对零"按钮，并调节控制箱上"C 调零"，使试样值中"C"显示为"0.00"。

（7）单击"准备"按钮使量气筒及滴定管注满溶液，如一次不能注满，可重复多次，并调节控制箱上"S 调零"，使试样值中"S"显示为"0.000"。

（8）单击"分析"按钮，样品自动分析，待"分析"结束后，关闭电弧炉或控制箱上"前氧"、"后控"开关。

（9）如需用多个标样建立曲线，则重复步骤（1）～（8）多次。

（10）单击"保存曲线"按钮后将曲线保存。

3．测试样品

（1）首先确定使用曲线。

系统默认为最新曲线，如需调用别的曲线，在"显示曲线"中调用。

（2）输入称样量。

① 称标准样品 1g 时、只需进行"定量"→"确认"操作。

② 与电子天平相连不定量称样时，在"不定量"框中显示了天平数据后单击"确认"按钮。

（3）打开氧气减压器阀，调节氧气出气量为 0.02～0.04MPa。

（4）依次向坩埚中加入硅钼粉、锡粒及称好的样品，如生铁，还需加入纯铁作为助燃剂。

（5）打开电弧炉或控制箱的"前氧"、"后控"开关，并调节流量计流量为 80～100L/h 左右。

（6）单击"对零"按钮使量气筒中水位降至最低，并且稳定。再单击"对零"按钮并调节控制箱上"C 调零"，使试样值中"C"显示为"0.00"。

（7）单击"准备"按钮使量气筒及滴定管注满溶液，如一次不能注满，可重复多次，并调节控制箱上"S 调零"，使试样值中"S"显示为"0.000"。

（8）单击"分析"按钮，样品自动分析，待"分析"结束后，关闭电弧炉或控制箱上"前氧"、"后控"开关。

（9）分析结束后，显示的是测试样品百分含量，如需打印，则单击"打印"按钮，如需自动打印，则在分析结束后单击"自动打印"按钮。

（二）比色分析

1．曲线定标

（1）首先进入曲线定标界面，再单击界面菜单中"通道选择"，选择通道号。

（2）在曲线定标界面中选择恰当的工作曲线和元素符号。

（3）在比色箱的比色杯中加满参比液（通常为蒸馏水），单击"满度校准"按钮，使满度值（T）校正显示为"100.0±0.02"。

（4）将标准样品的显色液倒入比色箱的比色杯中，待"A"中数字稳定后单击"A 输入"按钮，如曲线中有几个标准样品点，倒入几次标准样品显色液，单击几次"A 输入"按钮。

（5）在"C"中输入已知标准样品的百分含量值，单击"C 输入"按钮，输入了几个标准样品显色液（"A"值），就输入这几个标准样品的百分含量值（"C"值），并单击几次"C 输入"按钮（可以不按照含量高低输入）。

（6）"建立曲线"，将输入的 A 值和 C 值建立成曲线。

（7）"显示曲线"，将建立的曲线显示出来（可省略）。

（8）"保存曲线"，将建立的曲线保存在当前的通道和曲线中，如果没保存，所做曲线无效。

2．试样测量

（1）首先进入试样测量界面，选择工作通道。

（2）在试样测量界面中选择恰当的工作曲线。

（3）在比色箱的比色杯中加满参比液（通常为蒸馏水），单击"满度校准"按钮使满度值（T）校正显示为"100.0±0.02"。

（4）将试样的显色液倒入比色杯中，待"C"中数字稳定后，即为测量结果。

（5）如需打印，单击"打印"按钮即可。

（6）如需保存数据，则单击"保存数据"按钮，将数据保存在测试结果中，输入分析员等条件后保存。

3．菜单中各部分功能介绍

（1）碳硫联测分析：单击进入碳硫联测分析界面。

（2）通道选择：共有 10 个通道，可根据需要选择不同的通道来测量，1～5 通道为第一比色箱体，6～10 通道为第二比色箱体。

（3）试样测量界面。

① 曲线：可以根据需要选择不同的工作曲线测定试样。

② 保存数据：将当前的数据，输入到"测试结果"中去，待输入分析员、炉号等条件后保存，如果没有保存，而关掉工作界面时，会提醒是否需要保存。

③ 打印：可以将当前的测试数据，打印出来。

④ 满度校准：单击后，将当前的满度值（T）校正为"100.0±0.02"。

（4）曲线定标界面：在菜单中进入曲线定标界面。

① 曲线：可以选择 30 条曲线中的任意一条来作为当前定标曲线。

② 元素：可以根据需要来选择或输入元素符号来作为当前曲线定标的元素。

③ C 输入：每单击一次将"C"中数据输入一次，相同的数据只输入一次，零、负值和空值不输入。

④ A 输入：每单击一次将"A"中数据输入一次，零、负值和空值不输入。

⑤ 满度校准：单击后，自动将当前满度值（T）校正为"100.0±0.02"。

⑥ C 查询：如果"C"或"A"输入了数据，将查询输出"C 输入"的第一个数据，否则查询输出当前曲线中"C"的第一个数据。

⑦ A 查询：如果"C"或"A"输入了数据，将查询输出"A 输入"的第一个数据，否则查询输出当前曲线中"A"的第一个数据。

⑧ 确认：在"C 查询"或"A 查询"输出后单击"确认"按钮，将显示下一个"C"或"A"值，查询到结束输出空值。

如要修改输入的或曲线中的数据则直接将单击"C 查询"或"A 查询"显示出的数据更改为要修改的数据，单击"确认"按钮。

如要删除输入的或曲线中的数据则直接将单击"C 查询"或"A 查询"显示出的数据更改为零，单击"确认"按钮。

如要增加输入的或曲线中的数据则直接在单击"C 查询"或"A 查询"显示结束或输出空

显示时，输入要增加的数据单击"确认"按钮。

⑨ 建立曲线：首先判断"A"、"C"是否输入了数据，如果输入了数据则建立新曲线，否则使用原来的曲线，如果需要显示和保存新建的曲线，则一定要建立曲线。

⑩ 保存曲线：将当前建立的曲线根据通道、元素等条件保存起来，以备测量使用。

⑪ 显示曲线：将建立的曲线，显示出来。

（5）打印：将显示曲线中的百分含量、浓度、非线性系数、斜率和截距误差、曲线等打印出来。

（6）关闭：单击显示单位信息，再单击关闭单位信息。

（7）退出：退出操作界面。

（8）数据框。

① 保存：可以在输入了分析员或炉号后将测试结果界面上的数据保存起来。

② 查询：可以根据"查询条件"中的条件查出保存的数据，并显示出来。

③ 清屏：将界面中数据从屏幕上清除，但不删除。

④ 删除：在查询显示的数据中，将选定的数据永久地删除。

⑤ 打印：在查询显示的数据中，选出需要打印的数据，测试结果界面（打印）中将显示"√"，单击"打印"按钮将选中的数据打印出来，每页可打印 34 条数据。

（9）标样曲线查询：可以根据通道、曲线查询出标样中输入的百分含量和吸光度。

（10）操作说明：显示各部件的使用方法。

五、实验数据

记录实验数据，然后对数据进行整理。

六、思考题

（1）分析化学法测定钢的化学成分的一般原理及步骤。

（2）说明材料化学成分检测的意义。

4.10　机械工程材料综合实验

一、实验目的

（1）运用已学过的机械工程材料基本理论知识并参考相关资料，依据设定的零件的结构形状、尺寸及力学性能指标进行综合分析后，进行正确选材。

（2）制定合理的热处理工艺规范和实施路线，检测试样的硬度，并要求独立完成热处理操作、试样制备、组织观察与分析等过程，以达到提高学生的分析问题和解决问题及实际动手的能力。

（3）了解并初步掌握依据零件的结构形状、尺寸及其力学性能要求进行正确选材、制定热处理工艺规范的一般原则以及金属材料的化学成分、热处理工艺、显微组织与力学性能之间的关系。

二、实验任务

各项综合实验任务见表 4-27。

表 4-27　机械工程材料综合实验任务表

序号	任务名称	实　物　图	给　定　条　件
1	锉刀		（1）锉刀是手用的速切削工具，使用时承受拉伸的冲击力，同时刃口受到强烈摩擦； （2）损坏形式：切削刃口磨损； （3）使用要求：高的硬度和高的耐磨性
2	手工锯条		（1）手工锯条是手用的速切削工具，使用时承受拉伸的冲击力，同时刃口受到强烈摩擦； （2）损坏形式：切削刃口磨损，锯齿断裂； （3）使用要求：高的硬度和高的耐磨性，具有一定的抗冲击韧性
3	板簧		（1）汽车板弹簧是汽车承载和减振的弹性元件，承受汽车自重和所载物品的重量，使用时承受较大的变形； （2）损坏形式：弹簧折断或失去弹性； （3）使用要求：具有足够的强度，高的弹性极限和良好的韧性，高的疲劳强度和好的尺寸稳定性
4	弹簧垫圈		（1）弹簧垫圈是手用的速切削工具，使用时承受一定的变形； （2）损坏形式：断裂或失去弹性； （3）使用要求：具有足够的硬度和良好的弹性，具有一定的强度
5	手工丝锥		（1）手工丝锥是手用的低速切削工具，使用时刃口受到强烈摩擦； （2）损坏形式：切削刃口磨损，牙齿开裂或断裂； （3）使用要求：高的硬度和高的耐磨性，具有一定的抗冲击能力
6	曲轴连杆		（1）曲轴连杆是高速传递动力，工作时承受交变拉应力和压应力，以及弯曲应力较大的冲击力； （2）损坏形式：疲劳断裂； （3）使用要求：具有良好的综合力学性能，足够的刚度和韧性

序号	任务名称	实 物 图	给 定 条 件
7	滚动轴承		（1）滚动轴承是将运动部件的滑动变为流动而减少摩擦力的支撑件，工作时承受很大的点接触应力，受到强烈摩擦； （2）损坏形式：工作面磨损或接触疲劳，套圈开裂； （3）使用要求：高的硬度和高的耐磨性，抗冲击能力好，尺寸稳定，具有一定的抗腐蚀性能力
8	履带板		（1）履带板在运动时主要承受压力和一定的冲击载荷，同时受到强烈摩擦； （2）损坏形式：磨损、压弯和断裂； （3）使用要求：高的硬度和高的耐磨性，具有一定的抗冲击韧性
9	机床丝杆		（1）机床丝杆是将转动改变为轴向运动的传动零件，工作时轴承受扭转力，而螺纹部分受到啮合轴向力和摩擦力作用，在启动时螺纹还承受冲击力； （2）损坏形式：螺纹变形、磨损或开裂，轴扭断； （3）使用要求：较高的强度和冲击韧性，螺纹和与轴承配合的位置要求高的硬度和耐磨性
10	犁铧		（1）犁铧是用于耕田、犁地的工具，与泥土、砂土相接触，使用时受到强烈摩擦，同时承受一定的冲击力； （2）损坏形式：磨损或折断； （3）使用要求：高的硬度和耐磨性，具有一定的抗冲击韧性
11	锄头		（1）锄头是手用的小农工具，使用时承受拉伸的冲击力，同时刃口受到强烈摩擦； （2）损坏形式：刃口磨损和折断； （3）使用要求：具有良好的耐磨性，具有一定的抗冲击韧性
12	镰刀		（1）镰头是手用的小农工具，使用时承受拉伸的冲击力，同时刃口受到强烈摩擦； （2）损坏形式：刃口磨损和折断； （3）使用要求：具有良好的耐磨性，具有一定的抗冲击韧性

序号	任务名称	实 物 图	给 定 条 件
13	圆板牙		（1）圆板牙是手用的低速切削工具，使用时刃口受到强烈摩擦； （2）损坏形式：切削刃口磨损，板牙断裂； （3）使用要求：高的硬度和高的耐磨性，具有一定的抗冲击韧性
14	游标卡尺		（1）游标卡尺是手用的测量工具，使用时受到摩擦； （2）损坏形式：磨损； （3）使用要求：高的硬度和高的耐磨性，具有尺寸稳定性

三、实验要求

（1）根据给定的条件，参考有关的文献资料，合理选用材料，设计好零件的加工工艺路线。提出各步骤热处理工艺，制订实验计划，交指导教师批改后进行实验。

（2）进行原材料的硬度、金相组织检验。

（3）进行预先热处理，对预先热处理后材料的硬度、金相组织进行测试。

（4）进行最终热处理，对最终热处理后材料的硬度、金相组织进行测试。

（5）写出综合实验报告，包括实验目的、要求、正确选材的依据，工艺设计及操作，质量测试及对实验结果进行综合分析，提出最佳工艺路线。

第5章

材料成型技术实验

5.1 液体材料充型能力及流动性实验

一、实验目的

（1）掌握液体材料流动性的概念。

（2）了解影响流动性及充型能力的因素。

（3）能正确使用实验手段分析液体材料的流动性。

（4）学会使用主要实验设备和仪器。

二、实验仪器设备说明

本实验使用的仪器设备主要有：蜡料加热炉、蜡料加热容器、温度计、游标卡尺、HJD-CK2液态成型综合实验设备、实验用平板模模具、浇口杯。

HJD-CK2 液态成型综合实验设备的结构如图 5-1 所示。水平定位气缸 2 用于把模具的进料口与容器 6 接合，保证蜡料能够流入到模具内腔中，竖直定位气缸 3 用于把上模 4 与下模 5 压合，以形成封闭的型腔，容器 6 用于存储蜡液，推料气缸 7 用于压力充型时，将融化的蜡液在一定的压力作用下注入模腔内。

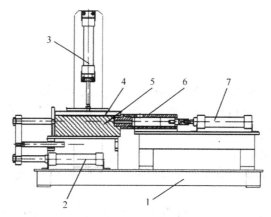

1—机架；2—水平定位气缸；3—竖直定位气缸；4—上模；5—下模；6—容器；7—推料气缸

图 5-1　HJD-CK2 液态成型综合实验设备

三、实验原理

充型能力是金属液充满铸型型腔、获得轮廓清晰、形状准确的铸件的能力。充型能力主要取决于液态金属的流动性，同时又受相关工艺因素的影响。

金属液的流动性是金属液本身的流动能力，用在规定铸造工艺条件下流动性试样的长度来衡量。流动性与金属的成分、杂质含量及物理性能等有关。

影响金属液充型能力的工艺因素主要有浇注温度、充型压力等。提高浇注温度或充型压力，均有利于提高充型能力。

本实验采用两种不同成分的蜡料在两种不同的浇注条件（温度和压力）下进行实验，来验证材料成分、浇注温度和充型压力对充型能力及流动性的影响。蜡料相图如图 5-2 所示。

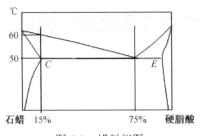

图 5-2　蜡料相图

四、实验内容

（1）用平板模，在重力充型的条件下，分别将共晶蜡料（成分为 75% 的石蜡和 25% 的硬脂酸，熔点温度为 50℃）和亚共晶蜡料（成分为 15% 的石蜡和 85% 的硬脂酸，熔点温度为 60℃）加热至浇注温度（过热度分别为 10℃和 20℃）后，通过浇口杯流入模具中冷却、成型。观察蜡样外观和中截面的质量，并测量蜡样长度。

（2）用平板模，在压力充型的条件下，分别将共晶蜡料（成分为 75% 的石蜡和 25% 的硬脂酸）和亚共晶蜡料（成分为 15% 的石蜡和 85% 的硬脂酸）加热至浇注温度（过热度分别为 10℃和 20℃）后，通过浇口杯压入模具中冷却、成型。观察蜡样外观和中截面的质量，并测量蜡样长度。

五、实验步骤

1. 重力充型

（1）安装模具。将平板模的上、下模合模，水平放入实验装置中。先将控制面板上的"水平定位缸"旋钮旋至"进"的位置，使水平定位气缸定位，再将"竖直定位缸"旋钮旋至"进"的位置，使竖直定位气缸定位。

（2）装好浇口杯（长浇口杯）。

（3）共晶蜡料加热到 60℃（即过热度为 10℃），浇入浇口杯中进行浇注，待冷却至 20℃左右时从模中取出蜡样。

（4）共晶蜡料加热到 70℃（即过热度为 20℃），浇入浇口杯中进行浇注，待冷却至 20℃左右时从模中取出蜡样。

（5）将亚共晶蜡料加热到 70℃（即过热度为 10℃），浇入浇口杯中进行浇注，待冷却至 20℃

左右时从模中取出蜡样。

（6）将亚共晶蜡料加热到 80℃（即过热度为 20℃），浇入浇口杯中进行浇注，待冷却至 20℃左右时从模中取出蜡样。

2．压力充型

（1）安装模具。将平板模的上、下模合模，水平放入实验装置中。先将控制面板上的"水平定位缸"旋钮旋至"进"的位置，使水平定位气缸定位，再将"竖直定位缸"旋钮旋至"进"的位置，使竖直定位气缸定位。

（2）安装好浇口杯（短浇口杯）。

（3）将共晶蜡料加热到 60℃（即过热度为 10℃），由浇口杯浇入容器中，将控制面板上的"推料缸"旋钮旋至"进"的位置进行浇注，待冷却至 20℃左右时从模中取出蜡样。

（4）将共晶蜡料加热到 70℃（即过热度为 20℃），由浇口杯浇入容器中，将控制面板上的"推料缸"旋钮旋至"进"的位置进行浇注，待冷却至 20℃左右时从模中取出蜡样。

（5）将亚共晶蜡料加热到 70℃（即过热度为 10℃），由浇口杯浇入容器中，将控制面板上的"推料缸"旋钮旋至"进"的位置进行浇注，待冷却至 20℃左右时从模中取出蜡样。

（6）将亚共晶蜡料加热到 80℃（即过热度为 20℃），由浇口杯浇入容器中，将控制面板上的"推料缸"旋钮旋至"进"的位置进行浇注，待冷却至 20℃左右时从模中取出蜡样。

六、测量数据处理

（1）观察所得蜡样外观和中截面的质量，并测量蜡样长度，实验结果填入表 5-1 中。

表 5-1　不同成分、浇注温度和充型方式条件下的成型性

蜡料成分	充型方式	浇注温度/℃	收缩大小与特征	外观质量	蜡样长度
共晶蜡料（75%石蜡+25%硬脂酸）	重力充型	60			
		70			
	压力充型	60			
		70			
亚共晶蜡料（15%石蜡+85%硬脂酸）	重力充型	70			
		80			
	压力充型	70			
		80			

（2）分析不同成分、浇注温度和充型方式条件下的充型能力和流动性。

七、思考题

（1）哪种蜡料成型性好？为什么？

（2）怎样选择具有良好液态成型性的材料？

（3）重力充型和压力充型哪种充型方式蜡料成型性好？为什么？

5.2 铸件应力与变形实验

一、实验目的

（1）了解液态成型的工艺过程。
（2）掌握铸件应力与变形的概念及规律。
（3）能正确使用实验手段分析液体材料的收缩性。
（4）掌握分析铸件残余应力的方法。

二、实验仪器设备说明

本实验使用的仪器设备主要有：蜡料加热炉、蜡料加热容器、温度计、游标卡尺、HJD-CK2液态成型综合实验设备、实验用应力框模具、浇口杯、手锯锯条等。

HJD-CK2 液态成型综合实验设备的结构及介绍参见 5.1 节。

三、实验原理

固态收缩是铸件产生铸造应力、变形及裂纹的根本原因。

固态收缩时，由于铸件壁厚不均匀，各部分的冷却速度不同，以致在同一时期内铸件各部分的收缩不一致而引起铸造热应力，其形成过程如图 5-3 所示。

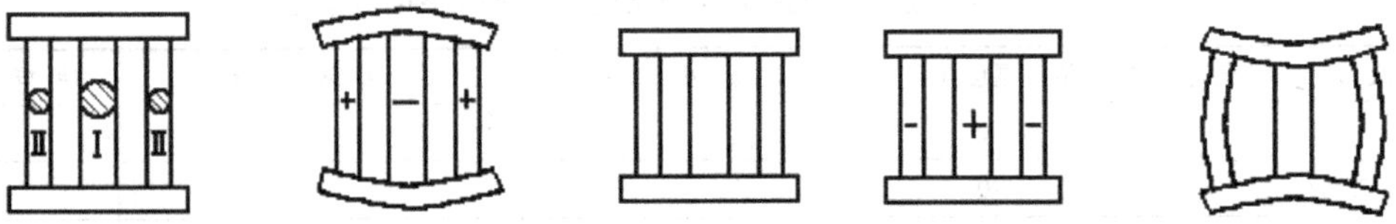

（a）框形铸件　（b）高温时的内应力　（c）高温时内应力引　（d）室温时的内应力（e）室温时内应力引起的变形
　　　　　　　　　　　　　　　　　起塑性变形后的形状

图 5-3　热应力及变形的形成过程

图 5-3（a）所示框形铸件的杆 I 和杆 II 两部分尺寸不同：杆 I 较粗，杆 II 较细。当铸件处于高温阶段时，杆 II 的冷却速度比杆 I 快，杆 II 的收缩大于杆 I。由于上下横梁的牵制，所以杆 II 受拉伸，杆 I 受压缩，如图 5-3（b）所示，形成了暂时的内应力。由于杆 I 温度高、强度低，因此杆 I 产生塑性变形而变短，内应力随之消失，如图 5-3（c）所示。随着铸件继续冷却到室温，因杆 I 的温度较高，还会有较大的收缩，而杆 II 的温度较低，收缩很小，因此杆 I 的收缩必然受到杆 II 的阻碍。于是，杆 II 受压缩，杆 I 受拉伸，直到室温，在铸件中形成了残余内应力，如图 5-3（d）所示。内应力的性质为铸件的厚壁受拉伸（拉应力），薄壁受压缩（压应力）。当杆 II 的抗弯刚度较低时，杆 II 部分被压弯而使内应力得到缓解，铸件便产生了变形，如图 5-3（e）所示。

本实验采用应力框法测定铸造热应力。应力框试样的结构如图 5-4 所示。

从应力框模型所制造的蜡样中间粗杆中部画出两条间距为 L_0 的平行线（见图 5-4），从中间粗杆中部锯开，测量粗杆锯开后的两平行线间的距离 L_1，如图 5-5 所示，利用式（5-1）便可计算出残余应力的大小。

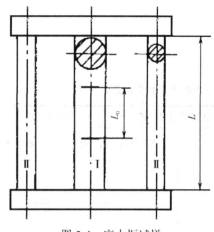

图 5-4　应力框试样

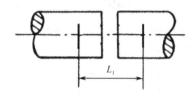

图 5-5　锯断后两平行线间距

$$\sigma = \frac{E\left(L_1 - L_0\right)}{L\left(1 + \dfrac{A_1}{2A_2}\right) - L_0} \tag{5-1}$$

式中　σ——残余应力（MPa）；

　　　E——所用材料的弹性模量（kg/mm^2）；

　　　L——试样杆长（mm）；

　　　L_0——锯开前两平行线间距（mm）；

　　　L_1——锯开后两平行线间距（mm）；

　　　A_1——粗杆横截面积（mm^2）；

　　　A_2——细杆横截面积（mm^2）。

四、实验内容

（1）用应力框模具，在重力充型的条件下，分别将共晶蜡料（成分为 75% 的石蜡和 25% 的硬脂酸，熔点温度为 50℃）和亚共晶蜡料（成分为 15% 的石蜡和 85% 的硬脂酸，熔点温度为 60℃）加热至浇注温度（过热度为 10℃）后，通过浇口杯流入模具中冷却、成型，获得应力框试样。

（2）对应力框试样进行应力分析。

五、实验步骤

（1）安装模具。将应力框模具的上、下模合模，水平放入实验装置中。先将控制面板上的"水平定位缸"旋钮旋至"进"的位置，使水平定位气缸定位，再将"竖直定位缸"旋钮旋至"进"的位置，使竖直定位气缸定位。

（2）安装好浇口杯（长浇口杯）。

（3）将共晶蜡料加热到 60℃，浇入浇口杯中进行浇注，待冷却至 20℃ 左右时从模中取出试样。

（4）将亚共晶蜡料加热到 70℃，浇入浇口杯中进行浇注，待冷却至 20℃ 左右时从模中取出试样。

（5）在试样中间粗杆的中部画出两条间距为 L_0 的平行线（见图 5-4）。

（6）从试样中间粗杆的中部用手锯锯条锯开，测量锯开后两平行线间的距离 L_1（见图 5-5）。

六、测量数据处理

（1）将实验数据填入表 5-2 中。

表 5-2　应力框法对热应力的测定数据记录

材　料　名　称	浇注温度/℃	试样杆长 L/mm	试样粗杆两平行线间距/mm		截面积/mm²		残余应力 σ/MPa
			锯断前 L₀	锯断后 L₁	粗杆 A₁	细杆 A₂	
共晶蜡料（75%石蜡 +25%硬脂酸）	60						
亚共晶蜡料（15%石 蜡+85%硬脂酸）	70						

（2）利用式（5-1）计算出残余应力的大小。

（3）分析各工艺参数对铸件残余应力的影响。

七、思考题

（1）铸件应力与变形是怎样产生的？

（2）不同材料的铸造应力有何不同？为什么？

（3）应力框即将锯断时发生的自行崩断现象说明了什么问题？能否根据崩断的截面积判断材料抗拉强度的大小？

（4）生产中可采取哪些措施减小铸件的应力与变形？

5.3　金属焊接性实验

一、实验目的

（1）掌握材料焊接性的概念。

（2）掌握材料焊接性的实验方法。

（3）能正确使用实验手段分析材料的焊接性。

二、实验仪器设备说明

1. 实验仪器设备

本实验使用的仪器设备主要有二氧化碳气体保护焊机一台、HJK-CK4 综合焊接设备一台、体视显微镜。

HJD-CK4 型焊接成型综合实验设备由焊接工作台、电气控制系统、静态应力应变测试系统、焊机和气瓶组成，如图 5-6 所示。其中，焊接工作台由电气操作盒，焊件安装台面、焊枪夹持机构和支架、水平运动机构、垂直回转运动机构组成，如图 5-7 所示。其中，电气操作盒控制面板如图 5-8 所示。

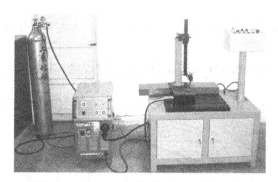

图 5-6　HJD-CK4 型焊接成型综合实验台

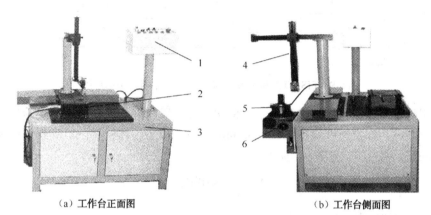

（a）工作台正面图　　　　　　　　　　（b）工作台侧面图

1—电气操作盒；2—焊件安装台面；3—工作台；4—焊枪夹持机构和支架；5—水平运动机构；6—垂直回转运动机构

图 5-7　焊接工作台

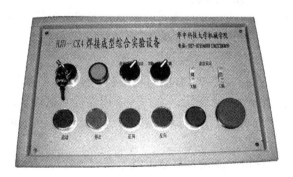

图 5-8　电气操作盒控制面板

2．材料

Q235 或 16Mn、1Cr18Ni9Ti、紫铜、工业纯铝等用户自备材料，二氧化碳气体保护焊可选择 H08Mn2Si 焊丝。

三、实验原理

焊接热裂纹是在高温下形成的，特征是沿原奥氏体晶界开裂。被焊金属材料不同，产生热裂纹的形态、温度区间和影响因素等也不同。因此，热裂纹又分为结晶裂纹、液化裂纹、高温脆化裂纹和多边形化裂纹。材料热裂纹敏感性可通过压板对接（FISCO）焊接裂纹实验、横向可调拘束裂纹实验、环形镶块裂纹实验等方法进行评定。本实验采用压板对接焊接裂纹实验法评定材料的热裂纹敏感性。

实验时选择 Q235 或 1Cr18Ni9Ti 金属板材进行直缝焊接，板材尺寸和接头如图 5-9 所示。

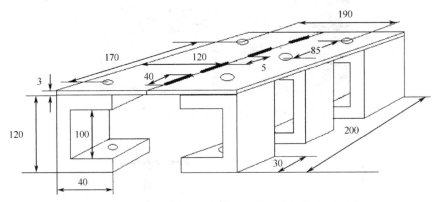

图 5-9　FISCO 焊接裂纹实验用板材尺寸和接头示意图

焊接前用螺栓将试板紧固在槽钢架上，依次焊接 4 段相同长度和间距的实验焊缝。焊接电流选为 100～200A，焊接速度保持在100mm/min 左右。焊后用体视显微镜观察焊缝及热影响区有无裂纹等缺陷，并用式（5-2）计算表面裂纹率：

$$Q = \frac{\sum L_i}{L_0} \times 100\% \qquad (5-2)$$

式中　Q——表面裂纹率（%）；

　　　L_i——每段焊缝的裂纹长度（mm）；

　　　L_0——4 段焊缝的长度之和（mm）。

表面裂纹率 Q 值越大，材料的热裂纹敏感性越高，表明其焊接性越差。

四、实验步骤

（1）选取并固定材料。选择 Q235、16Mn 和 1Cr18Ni9Ti 三种材料进行实验，焊丝选用 H08Mn2Si。板材尺寸和接头如图 5-9 所示，并按图示用螺栓将试板紧固在支架上。

（2）依次焊接 4 段长度为 40mm 的实验焊缝，焊缝间距为 5～10mm。焊接电流选为 100～120A，焊接速度为 100mm/min 左右。

（3）检查试件与地线、焊枪、送丝、气瓶、气压表、气管等的连接是否正确、可靠，如果面板上有大（小）电流挡，电流用 5 挡以下小电流挡。

（4）将绕有焊丝的焊丝盘装到送丝盘轴上，根据焊丝直径调节送丝轮和导点嘴，并将焊丝手动送入送丝软管，压好送丝轮。

（5）打开焊机电源，将"电压调节"开关打到所需挡位，电流调节到大概合适位置（精确位置要在焊接时调整），对于 0.8～1.0mm 焊丝，送丝速度大致在 3～6m/min。

（6）根据实际需要选择焊机方式：焊接连续的长缝时，将"点焊"、"断续焊"两旋钮逆时针旋至最大；自动短焊缝（焊接一段后自动停止），将"断续焊"旋钮打开，并按需要调节焊接时间；自动断续焊，打开"点焊"、"断续焊"旋钮，匹配调节相应的焊接循环时间和焊接时间。

（7）打开气瓶阀门，调节气体流量，一般选择 3～15l/min 的范围，同时检查气路是否漏气，按下枪开关，观察送丝、送气是否正常。

（8）手持焊枪使碰嘴离试件高出 8～12mm，与焊缝垂直方向呈 10°～20° 左右，可以先用焊丝对准焊缝。

（9）按下枪开关，电弧引燃后，沿焊缝方向均匀移动焊枪（尽量保持焊丝的伸出长度不变），并根据实际情况调整焊接规范匹配，得到精美的焊缝。松开枪开关即完成一个焊接循环。

（10）焊接操作结束后，关上气瓶阀门，松开送丝机的压丝手柄，按下枪开关放掉气压表中的余气，最后关断焊机电源和总电源。

注意：① 焊接规范的正确调整是焊接工作的关键，焊接电流的大小可以靠调节送丝速度调节，对于同一规格的焊丝，送丝速度越大焊接电流越大。

② 当出现焊丝回烧时，调节收弧调节电位器。收弧调节电位器的位置分别在分体机的前面板上，在一体机内的中间主板上。

表 5-3 为用 H08Mn2Si 焊丝进行 CO_2 气体保护焊接低碳钢时的规范参考数据。

（11）试件完全冷却后用体视显微镜观察焊缝及热影响区的裂纹缺陷，并将数据记录于表 5-4 中。

表 5-3　用 H08Mn2Si 焊丝进行 CO_2 气体保护焊接低碳钢时的规范参考数据

焊丝直径/mm	板厚/mm	焊丝电压/V	焊丝电流/A
0.8	0.8～2	18～21	80～100
1.0	3～5	21～24	100～140
1.2	4～6	22～26	130～190

五、测量数据处理

（1）用式（5-2）分别计算表面裂纹率。

（2）根据实验数据分析所焊材料的热裂纹敏感性。

表 5-4　压板对接（FISCO）焊接裂纹实验数据

焊件材料	焊接方法	焊丝	焊接工艺参数	各段焊缝的裂纹长度				焊缝总长度	表面裂纹率 Q
				L_1	L_2	L_3	L_4	L_0	
Q235-Q235	二氧化碳气体保护焊	H08Mn2Si	100A,100mm/min						
16Mn-16Mn	二氧化碳气体保护焊	H08Mn2Si	100A,100mm/min						
1Cr18Ni9-1Cr18Ni9	二氧化碳气体保护焊	H08Mn2Si	100A,100mm/min						

六、思考题

（1）哪些材料焊接性好？哪些材料焊接性差？为什么？

（2）影响材料焊接性的因素有哪些？怎样改善材料的焊接性？

5.4 焊接工艺设计实验

一、实验目的

（1）掌握焊缝设计和布置的一般原则。

（2）掌握焊接顺序安排的安排原则。

（3）掌握焊接规范参数的选择原则。

二、实验设备及仪器说明

1．实验仪器与设备

二氧化碳气体保护焊机一台、HJK-CK4 综合焊接设备一台、体视显微镜。

2．材料

Q235．16Mn、熔化极氩弧焊选择 H08Mn2Si 焊丝。

三、实验原理

熔化焊是一种应用极为广泛的焊接方法。熔化焊使焊缝及其附近的母材经历了一个加热和冷却的热循环过程。由于温度分布不均匀，焊缝及其附近区域的金属受到了一次不同规范的热处理，其结果必然会引起相应的组织和性能的变化，从而影响焊缝质量。

焊接接头按组织与性能的不同分为焊缝、熔合区和热影响区三部分。

1．焊缝

焊缝组织是由熔池金属结晶得到的铸态组织，晶粒呈垂直于熔池底壁的柱状晶。因硫、磷等形成的低熔点杂质容易在焊缝中心形成偏析，使焊缝塑性降低，易产生热裂纹。但由于按等强度原则选用焊条，并通过渗合金实现合金强化，故焊缝的强度一般不低于母材。

2．熔合区

焊接接头中，焊缝向热影响区过渡的区域，称为熔合区（或半熔化区）。

熔合区成分及组织极不均匀，且由于温升较大造成晶粒粗大，强度下降，塑性和冲击韧性很差，其性能往往是焊接接头中最差的部位。虽然熔合区很窄（只有 0.1：1mm），但它对焊接接头的性能有很大影响。

3．热影响区

焊接过程中，材料因受热的影响（但未熔化）而发生金相组织和力学性能变化的区域，称为热影响区。

生产中可通过正确选用焊接方法、合理制定焊接工艺来减小焊接热影响区、改善焊接接头组织和性能、减小焊接变形和裂纹，保证焊接质量。对热影响区较大的情况，焊后可进行正火热处理，以细化晶粒、均匀组织。

四、实验内容

1．平面交叉焊缝的设计与焊接

采用相同的焊接工艺参数、不同的焊缝设计和焊接顺序进行焊接，得到如图 5-10 所示的焊接试样Ⅰ，观察不同的焊缝设计和焊接顺序对焊接变形和裂纹的影响。

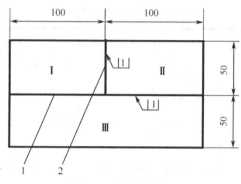

图 5-10　焊接试样Ⅰ

2．焊接线能量及规范参数的搭配

采用 4 种不同的焊接线能量（通过改变焊接电流实现）进行焊接，得到如图 5-11 所示的焊接试样Ⅱ，观察不同的焊接线能量对焊接质量的影响。

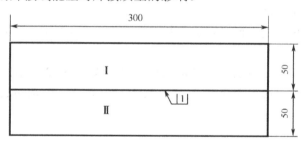

图 5-11　焊接试样Ⅱ

五、实验步骤

1．平面交叉焊缝的设计与焊接

（1）用厚度为 2mm 的 Q235（或 16Mn、1Cr18Ni9Ti）钢板，尺寸如图 5-10 所示。

（2）采用下面两种工艺方案进行焊接：

① 先焊Ⅰ和Ⅱ板（焊缝 2），再将其与Ⅲ板焊接（焊缝 1）。

② 先将Ⅰ、Ⅱ和Ⅲ板焊接在一起（焊缝 1），再将Ⅰ和Ⅱ板焊接（焊缝 2）。

③ 焊接规范参数：焊接电流为 100A，焊接速度为 0.2m/min，气体流量为 10l/min，送丝速度 0.1m/min。

（3）试件完全冷却后用钢丝刷子除去表面污物，然后用体视显微镜观察焊缝及热影响区的裂纹缺陷。

2．焊接线能量及规范参数的搭配

（1）选用厚度为 2mm 的 Q235 钢板，尺寸如图 5-10 所示。

（2）用 4 种不同的焊接线能量（通过改变焊接电流实现，电流大小参见表 5-5。其他焊接规范参数统一为：焊接速度为 0.15m/min 、气体流量为 10l/min 、送丝速度为 0.06m/min 。）进行焊接，得到图 5-11 所示的焊接试样Ⅱ。

表 5-5　焊接规范参数的选择

焊件号	焊接电流/A	焊接线能量 /J/cm	焊缝及热影响区各测点的硬度值										
			1	2	3	4	5	6	7	8	9	10	11
1	50												
2	100												
3	150												
4	200												

焊接线能量的大小通过式（5-3）计算：

$$q = IU/v \qquad (5\text{-}3)$$

式中　q——线能量（J/cm），

I——焊接电流（A）；

U——焊接电压（V）；

v——焊接速度（cm/s）。

（3）试件完全冷却后，先用钢丝刷子除去表面污物，然后用体视显微镜观察焊缝及热影响区的裂纹缺陷。

（4）将接头表面磨平，用砂纸打磨到 $Ra1.6$，再按照如图 5-12 所示的部位沿垂直于焊缝的方向从焊缝中心开始向两边每隔 3mm 打一点，共计 11 个测点，分别测试各测点的硬度值，并记录于表 5-5 中。

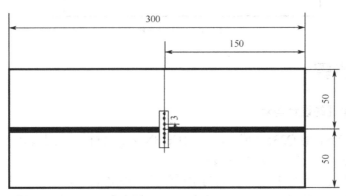

图 5-12　硬度测试部位

六、测量数据处理

（1）根据实验结果分析不同的焊缝设计和焊接顺序对焊接变形和裂纹的影响，用式（5-3）计算焊接线能量 q。

（2）根据实验结果分析焊接线能量对焊接质量的影响规律。

七、思考题

（1）焊缝设计和焊接顺序对焊接变形和裂纹有何影响？

（2）焊接线能量对焊接质量有何影响？

（3）简述改善焊接接头组织和性能的措施。

附录 A

实验报告格式

一、实验名称

二、实验目的

三、实验仪器设备及材料

四、实验原理

五、实验方法与步骤

六、实验数据处理与分析

七、实验结论

八、回答思考题

参 考 文 献

[1] 王伯平. 互换性与测量技术基础[M]. 北京：机械工业出版社，2013.

[2] 甘永立. 几何量公差与检测实验指导书[M]. 上海：上海科学技术出版社，2010.

[3] 甘永立. 几何量公差与检测[M]. 上海：上海科学技术出版社，2013.

[4] 毛平淮. 互换性与测量技术基础[M]. 北京：机械工业出版社，2014.

[5] 周文玲. 互换性与测量技术[M]. 北京：机械工业出版社，2015.

[6] 周彩荣. 互换性与测量技术[M]. 北京：机械工业出版社，2012.

[7] 周兆元. 互换性与测量技术基础[M]. 北京：机械工业出版社，2014.

[8] 同长虹. 互换性与测量技术基础[M]. 北京：机械工业出版社，2013.

[9] 宋立权. 机械基础实验[M]. 北京：机械工业出版社，2013.

[10] 唐昌松. 机械设计基础[M]. 北京：机械工业出版社，2015.

[11] 朱文坚等. 机械基础实验教程[M]. 北京：科学出版社，2010.

[12] 钱向勇. 机械原理与机械设计实验指导书[M]. 杭州：浙江大学出版社，2008.

[13] 何克祥. 机械设计基础与实训指导[M]. 重庆：重庆大学出版社，2013.

[14] 朱东华，樊智敏. 机械设计基础[M]. 北京：机械工业出版社，2008.

[15] 濮良贵等. 机械设计[M]. 北京：高等教育出版社，2013.

[16] 王德伦. 机械原理[M]. 北京：机械工业出版社，2014.

[17] 王运炎. 机械工程材料[M]. 北京：机械工业出版社，2014.

[18] 于永泗，齐民. 机械工程材料[M]. 大连：大连理工大学出版社，2012.

[19] 叶久新，王群. 塑料成型工艺及模具设计[M]. 北京：机械工业出版社，2013.

[20] 刘贯军，郭晓琴. 机械工程材料与成型技术[M]. 北京：电子工业出版社，2013.

[21] 任桂华. 互换性与技术测量实验指导书[M]. 武汉：华中科技大学出版社，2013.

[22] 李柱等. 互换性与技术测量 几何产品技术规范与认证 GPS[M]. 北京：高等教育出版社，2008.

[23] 陈于萍，李翔英. 互换性与测量技术基础学习指导及习题集[M]. 北京：机械工业出版社，2010.

[24] 朱定见，葛为民. 互换性与测量技术实验指导书[M]. 大连：大连理工大学出版社，2010.

[25] 林秀君等. 机械设计基础实验指导书[M]. 北京：清华大学出版社，2011.

[26] 陆文周. 工程材料及机械制造基础实验指导书[M]. 南京：东南大学出版社，1997.

[27] GB/T 6093—2001 几何量技术规范（GPS） 长度标准 量块[M]. 北京：中国标准出版社，2002.

[28] GB/T 10610—2009 产品几何技术规范（GPS） 表面结构 轮廓法 评定表面结构的规则和方法[M]. 北京：中国标准出版社，2009.

[29] GB/T 1031—2009 产品几何技术规范（GPS） 表面结构 轮廓法 表面粗糙度参数及其数值[M]. 北京：中国标准出版社，2009.

[30] GB/T 131—2006 产品几何技术规范（GPS） 技术产品文件中表面结构的表示法

[M]．北京：中国标准出版社，2007．

[31] GB/T 10095．1—2008 圆柱齿轮 精度制 第1部分：轮齿同侧齿面偏差[M]．北京：中国标准出版社，2008．

[32] GB196—2003 普通螺纹的基本尺寸[M]．北京：中国标准出版社，2004．